水产养殖业绿色发展技术丛书

U0670589

稻蟹综合种养实用技术

天津市农业发展服务中心　组编

缴建华　主编

中国农业出版社

北　京

图书在版编目（CIP）数据

稻蟹综合种养实用技术 / 天津市农业发展服务中心
组编. -- 北京：中国农业出版社，2024. 7.
ISBN 978-7-109-32123-6

Ⅰ. S966.16

中国国家版本馆CIP数据核字第20245FB232号

稻蟹综合种养实用技术

DAOXIE ZONGHE ZHONGYANG SHIYONG JISHU

中国农业出版社出版

地址：北京市朝阳区麦子店街18号楼

邮编：100125

责任编辑：廖　宁

版式设计：书雅文化　　责任校对：吴丽婷

印刷：中农印务有限公司

版次：2024年7月第1版

印次：2024年7月北京第1次印刷

发行：新华书店北京发行所

开本：700mm×1000mm　1/16

印张：12.75

字数：250千字

定价：68.00元

主　编　缴建华

副主编　钱　红　钟文慧　于福安

参　编　赵昌娜　徐晓丽　郑爱军　韩进刚

　　　　张亚楠　马文宏　白晓慧　冯学良

　　　　孙　悦　杨　颖　任　伶　陈春秀

　　　　卢东琪　魏俊利　高丽娜　王　莹

　　　　陈建林　房　骏

　　党的十八大以来，以习近平同志为核心的党中央把解决好十四亿人的吃饭问题作为治国理政的头等大事，提出了粮食安全观，确立了国家粮食安全战略，对于农业生产实践和农业科技工作都具有重要指导和实践意义。稻蟹综合种养是种植和养殖结合的重要探索和实践，基于以稻养蟹、以蟹养稻，实现稻蟹共生的理论模型，构建稻蟹种养的良性农业生态循环。稻蟹综合种养是发展循环农业、推动绿色生态种养的具体措施和实现手段，是解决当前农业绿色、生态循环发展面临突出问题的一条有效途径，也是推动农业供给侧结构性改革的重要内容，对保障粮食安全生产意义重大。

　　天津市委、市政府对发展绿色农业高度重视，自2020年以来相继出台了多项扶持政策发展稻渔综合种养产业，包括《天津市关于加快推进水产养殖业绿色发展的实施意见》、《天津市稻渔综合种养示范项目实施方案》（2020、2021、2022）、《天津市稻渔综合种养产业发展规划（2023—2025）》等，推动天津市稻渔综合种养迅速发展。按照农业提质增效、稳粮增收的发展要求，天津市稻渔综合种养产业规模由2019年的5万余亩*增长至2023年的54.3万亩，占全市水稻种植面积的60%以上。据统计，2022年天津市稻蟹种养规模38.2万亩，占总面积的71.45%，亩均净增收益可达300~500元，实现了"一水两用、一地双收"，有效增加了农民收入，取得了良好的经济效益、社会效益和生态效益。

　　党的二十大擘画了以中国式现代化全面推进中华民族伟大复兴的宏伟蓝图，并首次提出加快建设农业强国。为践行大食物观，增加优质水产品供给，提升稻蟹综合种养经济效益，天津市农业发展服务中心在稻蟹综合种养实用技术应用方面开展了有益探索和实践推广，围绕粮食生产和水产高质高效发展，以扩粮保供、稳渔提质、农民增收为主线，示范推广稻蟹综合种养模式，采取典型示范引领、技术跟踪服务、科技项目支撑等措

---

　　*　亩为非法定计量单位，1 亩 ≈ 667 m^2。

施，综合施策，多措并举，推进稻蟹综合种养产业向纵深发展。经过三年多的努力，示范基地稻蟹综合种养生产技术水平显著提升，养出了优质商品蟹，形成了区域产业增收的亮点；稻田培育蟹种实现了规模化生产，从一定程度上保障了本地优质河蟹苗种生产供给；河蟹"牛奶病"病原检测技术开发与综合防控技术服务，为降低发病率、稳产减损提供了技术支撑。

为了系统总结研究成果和示范成功案例经验，我们组织编写了《稻蟹综合种养实用技术》一书。在编写过程中，开展了大量的走访调研和技术资料查询查证，通过记述介绍的方式展开，从稻渔综合种养的概念、发展历程、发展优势、国内外发展现状、主要技术模式到天津地区稻蟹综合种养发展概况切入，依次对稻蟹综合种养涉及关键环节的主要技术、示范推广实践经验和案例进行阐述，力求全书内容通俗易懂，符合产业发展需要，理论性与实践性并重。

全书共十章，对稻蟹综合种养涉及的稻作技术和河蟹养殖技术进行了系统梳理与总结，基本涵盖了水稻种植全程各环节与河蟹养殖全生命周期关键性种养技术措施，既有研究理论的阐述总结又有实践经验和案例的归纳分析。作为一本地方性稻蟹综合种养实用技术指导用书，适用面较广，既可为广大稻蟹综合种养生产者提供种植、养殖方面的理论指导和案例遵循，又可为广大农业技术推广人员和相关管理人员在发展稻蟹综合种养方面提供参考借鉴。

衷心希望本书的出版能为天津市稻蟹综合种养提供实用技术指导，为稻蟹综合种养特色产业绿色健康发展作出新贡献。

缴建华

2024年4月

<<<<<<<<< FOREWORD 前 言

稻蟹综合种养是一种在人为条件下将养殖业和种植业科学地结合起来，达到互利共生、高产高效、提质培优、立体开发利用的生态养殖模式。稻蟹综合种养将水稻种植与河蟹养殖深度融合，实现了减施农药化肥、减少面源污染，提高产品品质、确保食品安全，生产绿色有机产品、增加农业综合效益的多重目标；发挥了一水两用、一田双收，粮渔共赢、生态环保，不与人争粮、不与粮争地的多重效应；具有稳粮、生态、节水和增收多重作用。稻蟹综合种养已成为现代生态循环农业发展的新方向、新模式和新技术。

党的十八大以来，我国全面加强生态文明建设和生态环境保护。在政府推动、技术进步和消费需求旺盛等多重因素带动下，我国稻渔综合种养产业快速发展，种养面积逐年扩大，标准化生产和规模化程度不断提高。随着全国稻渔综合种养技术模式的发展，天津市积极推动开展稻渔综合种养绿色健康养殖模式的示范推广。2019年，天津市制定发布《天津小站稻产业振兴规划》；2020年，天津市委、市政府提出大力发展稻渔综合种养产业发展战略。经过3年的示范推广，天津市稻渔综合种养面积由2020年初的5.7万亩发展到2023年的50余万亩，其中稻蟹综合种养面积占比达七成。虽然天津市稻蟹综合种养发展很快，但存在着养殖方式相对粗放、缺乏统一标准、病害频发、产品质量有待提高、产品推广度及知名度不高、市场竞争力不强、经济效益不高等问题，亟须构建天津地区稻蟹综合种养最佳模式加以推广。

为促进天津市稻蟹综合种养技术的发展，强化科研成果与生产实践的衔接，帮助种养殖户提升技术水平和经济效益，我们组织有关专家编写了《稻蟹综合种养实用技术》一书。本书全面总结天津地区稻蟹综合种养成功技术与经验，具有可复制、可推广特点，可供广大种养殖人员、技术推广人员和相关管理人员在发展稻蟹综合种养生产时参考使用。

全书共十章，主要围绕稻蟹综合种养发展概述、稻蟹综合种养技术、天津地区稻蟹综合种养技术模式等方面，详细总结了天津稻蟹综合种养的技术经验和典型案例。

由于作者水平有限，书中不妥和纰漏之处在所难免，敬请广大读者批评指正。

编　者

2024年4月

CONTENTS 目 录

第一章

稻蟹综合种养概述

第一节 稻渔综合种养

一、稻渔综合种养概念

稻渔综合种养系统是人类利用稻田浅水环境，将水稻和水生生物种养在同一空间而形成的独特稻作系统。稻渔综合种养具有诸多益处：减少化肥和农药的施用，避免环境污染；稻田中充足的水源、栖息地以及丰富的天然饵料为养殖水产动物提供了部分食物；水产动物的排泄物和残余饲料可作为肥料肥田；节水、节地，降低了劳动成本，稻渔双丰收。

二、稻渔综合种养发展历程

我国稻渔综合种养发展历史悠久，是世界公认最早发展稻田养鱼的国家。其历史最早可以追溯到2 000多年前的汉朝，唐朝时就有明确的文字记录。晚唐刘恂的《岭表录异》中记载："新泷等州山田，拣荒平处，以锄锹开为町畦。伺春雨，丘中聚水，即先买鲩鱼子散于田中。一二年后，鱼儿长大，食草根并尽。既为熟田，又收鱼利。乃种稻，且无稗草，乃齐民之上术也。"随着农业科学技术的发展和农业生产实践的需求，稻田养鱼的形式和内涵不断演化发展，由以养殖鲤鱼（*Cyprinus carpio*）为主的稻田养鱼系统逐渐发展到养殖多样化水产动物（虾、蟹、鳖、鳅、螺等）的稻渔综合种养系统。尤其是2010年以来，稻渔综合种养产业的发展得到国家政策、技术推广、科学研究多方面的强有力支持，产业发展进入了一个崭新的阶段，呈现出跨领域交融（不再仅仅受水产部门的关注）、多学科协作（水稻栽培和农业生态甚至市场营销、农业机械等融入产业）、产业化凸显（经营主体不再仅仅是一家一户的农民，而更多的是家庭农场、农业合作社及农业企业等新型经营主体）等特征，且势头迅猛、发展稳健。

三、稻蟹综合种养

中华绒螯蟹（*Eriocheir sinensis*）俗称河蟹，隶属于甲壳纲十足目方蟹科绒螯蟹属，是我国的特种水产。河蟹的生长周期一般为两年，大部分的时间生活在淡水中。在繁殖季节，河蟹会回到河口或海水中产卵交配。河蟹的受精卵在海水中孵化，发育成大眼幼体后开始向淡水水域迁移。大眼幼体经一次蜕皮后转变为幼蟹，再经5~6个月的生长发育，转变为蟹种。蟹种越冬后，继续生长直到成蟹。河蟹常栖息在泥岸洞穴或匿藏于水草石砾中，对温度、盐度的适应范围广。河蟹作为杂食性动物，常以水生维管束植物、岸边植物、螺、蚌等为食。稻田环境非常符合幼蟹到成蟹阶段的生活习性。

稻蟹养殖是对稻田进行一定改造并辅以基础设施和人工管理，既进行水稻种植又进行河蟹养殖的综合种养技术，是稻渔综合种养模式中的主要模式之一。利用稻蟹互利共生原理，依托稻田湿地环境，发挥土地资源潜能，构建形成稻蟹复合生态种养系统，实现稻蟹综合种养。稻田为河蟹提供生活场所和各种饵料，有利于河蟹隐蔽、蜕壳和生长；河蟹摄食稻田中的水生动物、昆虫卵及幼虫，消灭了田中病虫害，减少了农药投入；河蟹疏松土壤，提高土壤的通透性，其壳、排泄物和残饵作为有机肥，能促进水稻生长，减少了化肥投入量，实现了水稻种植与河蟹养殖的有机结合。这种模式生产出来的水稻绿色优质，河蟹品质高、安全性有保障，可实现种植与养殖的双赢，提高了种植业和养殖业的复合经济效益，是发展现代农业的有效途径。

第二节　稻蟹综合种养发展概况

一、稻蟹综合种养发展优势

（一）稳粮

1. 稻田促进河蟹生长　稻田为河蟹提供良好的栖息环境：稻田水浅、遮光，有利于河蟹隐蔽和蜕壳，浅水饵料生物多，有利于河蟹生长。

2. 河蟹促进水稻生长　河蟹摄食稻田中的杂草、绿萍、底栖生物，并大量消灭害虫；其排泄物可肥田，增加耕作层的土壤有机质；其活动可以松动土壤，使水稻更加有效地吸收养分，有利于水稻生长。

科学利用稻田水土资源，提高水稻和水产综合生产能力，实现一水两用、一田多收，有效地保障粮食和水产品供给。

（二）生态

1. 优化和改善土壤养分结构　河蟹的摄食行为及其爬行运动，对稻田起到了松动泥土的作用，使稻田泥土松软通气，有利于肥料的分解，从而促进稻禾分蘖和根系发育。同时，河蟹的排泄物中含有丰富的氮、磷、钙等元素，它们都是水稻生长所必需的优质肥料，这在客观上又为水稻的生长起到了施肥的作用。土壤理化性质与水稻单作时相比，稻田养蟹的土壤理化性质指标中，NH_4^+显著增加，同时pH降低，使得土壤团聚化程度增加，不易流失，改善了土壤质地；同时土壤中的总氮、总磷含量都显著增加，但不影响河蟹的生长。

2. 减少化肥、农药的使用　一是因为稻蟹养殖会对稻田进行石灰消毒，在一定程度上杀死了土壤中存在的病原菌和虫卵；二是蟹能捕捉水稻害虫，如稻飞虱、螟虫等，有数据表明，与水稻单作田相比，稻蟹共作田中稻飞虱发生率降低

40%，纵卷叶螟发生率降低50%，纹枯病发病率降低92%；三是蟹会摄食杂草，使得杂草大量减少，破坏害虫的栖息环境，同时也减少了土壤肥力的消耗；四是中华绒螯蟹主要在水体中生长，对水质要求高，大量使用化肥、农药会造成水质变化，影响河蟹生长存活。

（三）节水

天津属于资源型缺水地区，多年平均人均本地水资源占有量100 m³，为全国人均占有量的1/20。而水稻是天津市优势产业，2022年天津市水稻亩产634.9 kg，位居全国前列。在水稻育种方面，目前已育成国审省审水稻品种50多个，推广面积及区域大，天津已成为当前北方稻区面积最大的粳稻种子生产基地。但水稻灌溉用水量却位于谷类作物前列，天津市水稻作物生长期内灌溉定额为600 m³/亩，远超小麦、玉米、大豆等作物，水稻单作种植模式水资源利用率不高。同时，受天津市城镇规划、土地整合、退养还湿、禁养限养，以及受地下水压采、禁采和养殖尾水治理等政策措施的影响，传统养殖水域和工厂化养殖面积受到挤压而不断减少，渔业发展空间受限，水产养殖面积仍存在下降趋势，水产品稳产保供面临极大压力，而稻蟹综合种养模式实现了一地多用、一水多产，让流进稻田的每一滴水都能得到高效利用。

（四）增收

在水稻不减产的情况下，又可以收获一定规模的河蟹，同时减少了化肥、农药等成本。养殖的虾蟹口感好，种植的稻谷天然具有绿色、生态品质，售价比普通稻米高，各地区都取得了良好的经济效益。2022年，盘锦市稻田养蟹亩增效益达到300多元，全市稻田增加效益2.76亿元。2021年，天津市稻蟹综合种养平均实现亩均增效300~500元。

二、稻蟹综合种养发展历程

与稻鱼养殖相比，我国的稻蟹养殖发展较晚，1986年，稻蟹共生模式首次在浙江省出现，养殖过程中不使用农药和化肥。随后，江苏省在1988年参考稻田养鱼的模式，进行稻田养蟹。紧接着稻田养蟹在江西、四川、河北等地逐渐发展推广开来。20世纪80年代中期，盘山水产科研人员率先突破河蟹苗种人工繁育技术，之后在中国北方地区开创了稻田养蟹的先河，之后形成了"盘山模式"等一批典型的稻蟹共生模式，以此为基础辐射带动了我国北方地区稻蟹种养新技术的发展。稻田养蟹从20世纪80年代发展至今已经历了近40年的发展历程。回顾这段历程，可大致分为以下几个发展阶段。

（一）兴起阶段

自1981年后，天然蟹苗资源品质一落千丈。另外，由于内陆湖泊过量放河蟹，严重破坏了当地湖泊生态系统的平衡，饵料资源受到影响，导致商品蟹产量下降，规格小，种质出现退化。这期间，对河蟹形态和分类的基础研究、蟹苗资源的调查、天然海水育蟹苗和河蟹饲料的人工半咸水配方及其工业化育苗工艺等围绕河蟹生产的一批科技成果的取得，为河蟹养殖业的纵深发展打下了科学基础。

由于参考了稻田养鱼的经验以及河蟹养殖基础，稻田养蟹在一开始就取得一定的成果，并且在之后的十多年发展迅速。稻田养蟹兴起于江浙一带。1986年，浙江省丽水市村民在自家的稻田里养殖河蟹，稻田总面积0.9亩，水稻种植面积0.5亩，放养豆蟹10 kg，不施肥，不喷洒农药，收获稻谷200 kg、河蟹185 kg，纯收入1 600多元。紧接着，1988年，在江苏省有了稻田养蟹试验的报道，采用稻田0.5亩，借鉴稻田养鱼经验，开挖鱼沟，呈"日"字形，深1~1.2 m，占总面积74%，种稻区域称为"蟹岛"，占总面积26%，投喂饵料以螺蛳为主，辅以大麦、茶饼、豆饼、黄豆、青草等，收获河蟹60.32 kg、水稻67 kg。此外，苏州市和南通市也开展了稻田养蟹试验，并且还首次提出了稻田养蟹施肥应以有机肥为主、尿素为辅的方式。随着南方稻田养蟹试验的成功，在20世纪90年代初期，北方首次开始稻田养蟹的试验。1992年，辽宁省营口市开展了稻田养蟹试验。与南方相比，这次试验主要有以下特色：一是蟹溜采用边沟，而不是"日"字形，且宽只有50 cm、深只有30 cm，减少了蟹溜的占地面积和施工难度；二是水稻重施基肥、有机肥；三是水稻种植采用大垄双行（46 cm×13 cm）模式。之后，在江西、河北、四川、黑龙江等地逐渐发展起来。

同时，一些专家对当时的养蟹经验做出了总结，并且提出了因地制宜的方法，对日后稻田养蟹行业的发展有很大的意义。1994年，赵明森对稻田养蟹技术做出了总结，其中，对养蟹稻田适宜面积、水稻栽插方式、蟹沟尺寸、放蟹密度、田间管理等问题做出了详细概述，在当时是比较完备的。同一年，杨洪良对于稻田养蟹性早熟原因做出了分析，并提出了对策。1995年，周敏砚结合辽宁省稻田养蟹情况，谈到稻田养蟹效益与问题时，首次提到在养蟹的同时要兼顾水稻，做到稻蟹双赢。同年，邱泽森等提到了养蟹稻田要选择耐肥、抗倒伏的水稻品种；可以适当增加田边的栽插密度，发挥边际优势；要轻烤田。周国勤为了减少河蟹养殖病害，探索生态养蟹技术，提出在稻田内种草，可以改善水质，减少病害；可以为河蟹提供食物；还能为河蟹提供躲避场所。同年，辽宁盘锦为了提高效益，改变了原来的发展思路，稻田养蟹以蟹为主，以实现效益最大化。

（二）思考阶段

随着稻田养蟹快速发展，其养殖规模不断扩大，有些专家和学者进行了冷静的思考。1998年，成春到指出了当时稻田养蟹产业存在的四点误区：一是养蟹稻田的环沟越大越好；二是放蟹苗种越多越好；三是过多投喂精饲料；四是生产模式单一。并提出了自己的见解：环沟的面积应结合圩埂用土方情况来定，一般环沟不应超过总面积的30%；控制放养密度，培养大规格蟹种或商品蟹，五期幼蟹放养密度每亩1 200~1 500只，蟹种每亩600~1 000只为宜；投饵应根据不同季节，结合河蟹不同生长期的营养需求来进行；生产模式多元化，合理搭配稻田培育蟹种和成蟹。1999年，姜兆彩总结了当地稻田养蟹存在的问题，主要包括蟹种成活率低、成本高、成蟹规格小、品质差等问题，建议建立良种繁育基地；形成蟹种-成蟹产业链；合理密度放养；创立品牌，从种苗、环境、养殖模式和管理等方面解决目前存在的问题。2002年，邵益栋分析江苏稻田养蟹现状时，指出目前形势：养殖面积增加迅速，河蟹品质低；重养蟹，轻种植，稻蟹污染不确定；养殖密度过高，营养控制不当，河蟹性早熟比例提高。并且呼吁加大技术投入；重视生态平衡和绿色产品生产。现在看来，这些意见和建议对后来稻田养蟹的发展起了指导作用。

（三）研究阶段

随着养殖规模的不断扩大，科研技术人员经过不断探索和总结出稻蟹种养技术模式，能够在保证水稻产量不减少甚至增加的情况下，增加稻蟹的综合效益。2007年，辽宁省稻蟹综合种养的"盘山模式"得到农业部认定。2011年起，农业部积极推进稻蟹综合种养示范区建设，在辽宁、宁夏、吉林等省（自治区）建立核心示范区7个，核心示范区面积13 123 hm²，示范推广2.65万 hm²，集成各地稻蟹综合种养的技术优势。随着"盘山模式"的发展，现在有了在稻田的田埂上种植豆类的新模式，2022年盘锦市河蟹养殖面积达到172万亩（其中，稻蟹综合种养面积85万亩），河蟹产业已经成为当地农业的支柱产业。现在北方的稻蟹养殖基本都借鉴了"盘山模式"，在辽宁、天津、河南、河北、黑龙江、宁夏等地都有采用"盘山模式"的稻蟹养殖。

近年来，全国各地不断探索创新河蟹生态养殖技术和模式，在很多内陆省份，稻蟹综合种养已成为实施乡村振兴战略和产业精准扶贫的重要抓手，在培育地方经济增长新动能、推进农（渔）业供给侧结构性改革、促进农（渔）业增效和农（渔）民增收中发挥着越来越重要的作用。截至2022年，稻蟹综合种养已推广到了辽宁、天津、黑龙江、吉林、宁夏、山东、江苏、河北、湖北、安徽、云南、贵州、青海、四川、新疆等10多个省（自治区、直辖市），并带动了我国台湾地区的稻蟹综合种养发展。

随着稻田养蟹规模的不断发展，技术日益成熟，也逐步暴露出不少技术难题。为了解决生产难题，国内的一些学者开始从生态学效应、稻蟹的生长和发育、水稻的栽培模式、河蟹的放养密度、土壤与施肥和植物保护等角度，研究稻蟹共生生态系统，进一步完善稻蟹共作技术体系，促进生态农业发展，提升稻蟹生产能力和市场竞争力。

三、稻蟹综合种养发展现状

（一）国外稻蟹综合种养发展现状

在印度，锯缘青蟹（*Scylla serrata*）是用于稻田养殖的主要蟹种。在印度的河口区，海水倒灌导致水稻种植区的盐度较高，也适于锯缘青蟹的养殖。但国外对于稻田养蟹研究少见，大多集中在农药、病毒等化学物质对稻田淡水蟹体内组织器官及生长代谢的影响等方面。而河蟹养殖在国外的报道几乎没有，主要原因是河蟹在国外大多被当作是入侵物种来研究。

（二）国内稻蟹综合种养发展现状

经过近40年的发展，稻蟹种养已成为我国稻渔综合种养第三大模式，主要是稻蟹共作模式，养殖对象主要是辽河水系和长江水系河蟹种群。2022年，全国稻蟹种养面积260万亩，占全国稻渔综合种养面积的6.05%。长江流域受环湖恢复生态的迫切要求，中华绒螯蟹养殖模式现已逐渐转变为池塘精养或半精养的方式，而东北高寒地区利用水稻宜渔面积大的优势，开展了稻蟹共作的养殖模式。2022年，稻蟹种养主要集中于辽宁、天津、黑龙江、吉林4个省（市），面积225万亩，占全国稻蟹种养面积的86.54%，其余主要分布于长江中下游地区的湖南、江苏等省。

另外，近年来，在巩固提升种养生产基础上，各地积极推进稻蟹综合种养一二三产业融合发展，通过做大做强农产品加工业，推动稻蟹产业前后端延伸、上下游拓展，通过做精做优休闲农业和乡村旅游业，拓展稻蟹综合种养多种功能，稻蟹综合种养产业融合度逐步提升，产业链逐步完善。辽宁盘锦积极打造盘锦河蟹、盘锦大米两大品牌，制定地方标准，促进品种优质化、生产标准化、种养生态化、产业规模化和营销品牌化，授权48家企业使用盘锦河蟹地理标志证明商标、138家企业使用盘锦大米地理标志证明商标，稻蟹产业发展后劲持续增强。中国稻渔综合种养产业协同创新平台举办2022全国稻渔综合种养技术模式创新大赛和优质渔米评比推介活动，14家经营主体获技术模式创新大赛一、二、三等奖，36家经营主体的38个渔米产品获渔米评比推介活动金奖、银奖和生态优质奖。

四、国内稻蟹综合种养发展模式

近20年来，我国初级阶段集约化、规模化、规范化的稻蟹综合种养在全国南北稻作区不断发展，稻蟹种养在气候相对冷凉的东北地区及宁夏黄河灌区发展较快，辽宁省水稻种植面积1 000万亩左右，稻田养蟹面积近十多年均稳定在百余万亩，占全省稻田面积的1/10，尤其是以辽宁省盘锦市为主要代表，形成了"水稻大垄双行、早放精养、种养结合、稻蟹双赢"的"盘山模式"。国内多个地区都已成功实施了"稻蟹种养"模式，并取得了一定的研究成果。其中，影响力较大、比较具有地域特色的稻蟹种养模式是辽宁盘锦稻蟹综合种养模式。

（一）以辽宁盘锦稻蟹综合种养模式为代表的北方模式

1. 辽宁盘锦稻蟹综合种养概况　20世纪90年代，辽宁省盘锦市盘山县农民利用当地盛产蟹苗但又缺乏养殖水面的现状，创造性地将河蟹投放到稻田中饲养，稻田综合效益得到了很大的提高。之后，为了进一步提高经济效益，当地将河蟹养殖放在首位，变成"蟹田种稻"。2005年，盘山县开始实施全国农业科技入户示范工程，对该养殖模式重新定位，认为这种方式既不是稻田养蟹也不是蟹田种稻，而是种养结合，从而打造出稻田种养新技术。在国家、省、市各级有关部门和专家学者的倾心关注与鼎力支持下，在上海海洋大学全力支持和帮助下，总结出以"大垄双行，早放精养，种养结合，稻蟹双赢"为核心的稻蟹种养新技术，简称"盘山模式"。时任农业部首席水产专家王武教授对这一模式给予了高度评价：实现了"1+1=5"的效果。"1+1=5"即"水稻+水产=粮食安全+食品安全+生态安全+农民增收+企业增效"。2007年，辽宁省稻蟹综合种养的"盘山模式"得到农业部认定，现在北方的稻蟹养殖基本都借鉴了"盘山模式"。

2022年，盘锦市稻田养蟹面积达到92万亩，其中蟹种养殖面积15万亩、成蟹种混养面积35万亩、成蟹养殖面积42万亩，稻田养蟹平均亩产蟹种60 kg左右，平均亩产成蟹17.5 kg，蟹种除了供应本地养殖所需，还远销到吉林、黑龙江、内蒙古、宁夏、新疆、陕西、四川等地，是我国北方地区河蟹苗种的主产区。稻田养殖河蟹所产生的经济效益，助推盘锦农业增效、农民增收、农村就业和作物发展。

2. 辽宁盘锦稻蟹综合种养技术关键　养殖河蟹稻田一般选择水源充足、水质良好、田埂坚实不漏水、相对低洼，在干旱季节能保住水，同时在连雨季节排水方便、不受洪水冲击和淹没的稻田。提升需要对田埂加固加宽，架设防逃膜。养殖蟹种田一般不进行特殊稻田工程，成蟹养殖稻田需要挖环沟或者配置暂养池。水稻栽培模式方面，大垄双行，边行加密。水稻栽培常规采用行距30 cm垄，而大垄双行大垄宽60 cm、小垄宽20 cm，这样在确保水稻一穴不少的前提下，增加稻田通风透光程度。另外，由于稻田四周开挖环沟占用一部分种稻面积，因此，在沟边，采用"边行加密"的办法弥补被占用的水稻面积，尽可能保证水稻的穴数。田间管理方面，养蟹稻田田面水深最好保持在20 cm、最低不低于10 cm。有条件的情况下尽量保证勤换水，保持水质清新；或者采用微生态制剂等调节水质。肥料管理方面，基肥尽量采用有机肥和一次性肥，后期追肥不用或者减少用量，采用少量多次使用方法。农药管理方面，水稻育秧期间在苗床用"内吸剂"稻象甲药，放入河蟹后基本不再使用农药，病虫害严重时选用高效低毒生物农药。

（二）以江苏为代表的南方稻蟹综合种养模式

1. 江苏稻蟹综合种养概况　江苏省虾蟹养殖始于20世纪80年代末、兴于21世纪初，经过30多年的发展，江苏已成为全国养殖面积最大、最具影响力的优质河蟹主产区。2022年，全国河蟹产量81.5万吨，其中江苏河蟹产量37.4万吨，占比达45.9%，位居第一。

2016年以来，江苏省大力推广稻田综合种养，确立了盱眙、泗洪、建湖等10个稻田综合种养试点示范县，对当地村镇具有示范带动作用。"十四五"时期，加强水产养殖尾水治理成为渔业高质量发展的重要内容之一，河蟹养殖产量主要来源于池塘养殖，受养殖方式落后、发展水平较低而产业规模较大等多重矛盾因素影响，加上尾水处理涉及的土地面积、治理成本及治理技术制约了河蟹养殖产业绿色发展水平。因此，发展稻渔综合种养已成为江苏省水产绿色发展的一大选择。截至2022年，江苏稻渔种养面积已达到333万亩，种养模式方面，主要有稻鸭共作、稻鱼共作、稻虾共作、稻蟹共作4种模式，其中稻虾共作占总面积的80%以上；区域分布不均匀，集中分布在苏北地区，而稻蟹主要集中在泰州、苏州等地。近几年来，稻虾生态种养面积快速增加，但小龙虾价格下降，虾农的收益减少。为了增加产量、争取经济效益最大化，江苏地区稻虾蟹混养模式也有了一定的发展。

2021年，江苏省河蟹养殖模式有池塘养殖、平田提水养殖、稻蟹综合种养、湖泊围网养殖、低埂高围养殖、渔光互补养殖等。池塘养殖作为江苏省河蟹养殖模式的重头戏，池塘养殖面积14.3万hm^2，占全省总河蟹养殖面积的六成。虽然南方地区稻蟹综合养殖占比较少，但该地区稻虾蟹混养模式有一定规模，与"三北"地区基本上是稻蟹模式形成鲜明对比。

2. 江苏稻蟹综合种养技术关键　根据稻田形状，选择开沟和开凼位置。沟宽1.5~2 m，深60~80 cm；凼宽2~4 m，深1 m左右，在沟凼内培植2~3种水草。稻虾生态种养模式，投虾苗时间为3月中旬，稻蟹生态种养模式，投蟹苗时间为5月中旬，稻虾蟹立体种养模式，投虾苗时间为上年的11月，投蟹苗时间为5月中旬。稻虾蟹模式与稻虾模式相比，一是虾苗投放提前3~4个月；二是增加了一季蟹的生产；三是小龙虾的收获期控制在3—4月；四是小龙虾与蟹混养。

该地区稻虾蟹混养模式主要分为稻虾蟹共作模式和稻虾蟹轮作模式。

稻虾蟹共作模式：2—6月，水稻栽插前将800~1 000只蟹种暂养于环沟内，田面用围网隔离栽草并放养小龙虾，待6月中旬水稻插秧前，将田面内小龙虾全部起捕销售后栽插水稻，水稻返青后撤掉围网让河蟹进水稻田内开展稻蟹共作。此模式不仅充分利用稻田水体资源，而且实现了茬口的有机衔接，一田多收，提高养殖效益、降低养殖风险。

稻虾蟹轮作模式：2—6月稻前将蟹种集中暂养于邻近蟹塘内，3月底至4月中旬，在环沟内每亩放养规格200尾/kg左右小龙虾苗20~30 kg，养殖40~60 d，5月底至6月上旬起捕销售小龙虾；6月中下旬整田插秧，田面用网围隔离，每亩稻田环沟放养已蜕壳3次的河蟹800~1 000只，待水稻返青后撤掉网围，让河蟹进水稻田内，10—11月水稻收割、河蟹起捕暂养销售。

（三）其他模式

除辽宁"盘山模式"、江苏稻虾蟹混养模式外，其他各地也根据自身气候、地理等条件探索出各具地方特色的稻蟹综合种养模式。2020年，吉林积极探索"分箱式+双边沟"稻蟹共养技术模式；宁夏发展"双沟耦合"稻蟹综合种养模式。与北方相比，由于气候条件、土壤状况和水稻种植品种等方面的差异，南方更多的是稻虾和稻鱼综合种养，稻蟹养殖面积较小。

第三节　天津地区稻蟹综合种养发展概况

一、天津市稻渔综合种养发展历程

天津市开展稻蟹养殖可追溯到20世纪90年代，在水产部门的推动下实施了稻田养蟹项目，并对相关技术进行了摸索和总结。但由于当时生产条件、农民观念、产业发展政策等因素的局限，并没有形成规模化发展。2007年前后，宝坻区又开始将稻田养蟹技术在本地区进行应用，最初利用几十亩稻田开展种养试验示范。随后经过几年的发展，宝坻、宁河等地持续发展水稻种植和水产品养殖，取得了良好的经济效益和生态效益。2015年，天津市稻渔综合种养面积达到近4万亩，养殖品种涵盖中华绒螯蟹、泥鳅、鲤、鲫、青虾、蛙、鳖等，形成了符合地区发展特点的"稻蟹立体种养模式和稻鱼立体种养模式"。

2016年以来，在政策利好、产业结构优化调整的环境下，在农业提质增效、保粮增收的发展要求下，天津稻蟹综合种养产业进入快速发展阶段。2017年以来，在上级部门和财政的支持下，先后实施了中央财政项目"稻渔立体生态种养技术的集成与示范"、市财政部门预算项目"稻田特色农产品综合种养殖技术示范推广"等，成功引进了中华绒螯蟹"光合1号"良种、克氏原螯虾、泥鳅等水产经济品种，开展了"稻蟹共作""稻鳅共作""稻虾共作"等绿色生态种养模式的应用，取得了良好经济效益、社会效益和生态效益。

党的十九大提出乡村振兴战略、推进绿色发展，稻渔生态种养是国家倡导的农业绿色技术。2019年，十部委联合发布《关于加快推进水产养殖业绿色发展的若干意见》，围绕加强科学布局、转变养殖方式、改善养殖环境、强化生产监管、拓展发展空间、加强政策支持及落实保障措施等方面作出全面部署，提出"大力推广稻渔综合种养，提高稻田综合效益，实现稳粮促渔、提质增效"。在

《天津市乡村振兴战略规划（2018—2022年）》的大框架下，天津市农业农村委员会结合天津小站稻产业振兴规划，大力支持稻渔综合种养项目，鼓励农民合理利用稻田空间发展稻蟹、稻鳅、稻虾等综合立体种养，为进一步发展稻渔生态种养提供了契机。

2020年，天津市委、市政府及市农业农村委员会下达了稻渔综合种养工作任务，同期，按照财政部、农业农村部《关于切实支持做好新冠肺炎疫情防控期间农产品稳产保供工作的通知》和《市农业农村委关于印发新冠肺炎疫情防控期间农产品稳产保供扶持措施的通知》精神，天津市农业农村委员会又制订了《2020年天津市稻渔综合种养项目实施方案》，同时安排资金2 000万元，每亩最高补助200元，加大支持新建稻渔种养基地建设，持续推动稻渔综合种养高质量发展，这是天津市乡村振兴战略的重要抓手。2022年，天津市稻渔综合种养面积已达54.6万亩，其中稻蟹综合种养占比约七成。

"十四五"期间，稻蟹综合种养技术进一步示范推广。伴随产业发展，未来将提高关键技术成熟度与成果的转化应用，提升现有稻田自然资源的综合利用效率，优化品种与多层次种养结合生产技术模式，构建绿色低碳生态农业，促进区域产业结构优化升级和农民持续增收。

二、天津市稻渔综合种养发展现状

（一）发展规模

2022年，天津市水稻播种面积82.9万亩，主要分布在宝坻、宁河两个区。其中，宝坻区境内河流纵横交错、水网交织，水系水域面积为30.3万亩，水资源充沛。中、东部地区地势湿洼，自然气候和条件非常适合水稻的种植和水产品养殖。据统计，2022年天津市稻蟹综合种养河蟹产量5 000余吨，开展稻渔综合种养的区包括宝坻、宁河、武清、北辰、静海等。2022年，天津市稻渔综合种养殖面积54.6万亩，其中宝坻区26.4万亩、宁河区20.8万亩，上述两区总面积占全市稻渔综合种养总面积的86.45%。2023年，天津市还在涉农区建设5个千亩稻蟹综合种养示范区。

（二）研究进展

在稻蟹综合种养大规模推广前期，科研部门开展了河蟹相关关键技术及示范，为稻蟹综合种养奠定了技术基础。从2019年起，科研部门开展了稻蟹相关研究，大力推进稻蟹综合种养科技创新，共获立天津市科技局项目3项、天津市农业农村委员会农业科技成果转化与推广项目1项、其他各类项目4项，合计经费555万元，在稻蟹综合种养蟹苗繁育等方面进行了试验示范，为产业发展提供了支撑。

1. 开展七里海河蟹关键技术研究及示范 2013年，集成七里海河蟹优质苗种繁育技术、养殖环境改善和保持技术、病害综合预防与控制技术、高效饲料营养技术、河蟹生态养殖技术以及防伪标识技术，建立七里海河蟹高效健康养殖技术模式。在新佳水产品养殖场建立优质河蟹苗种繁育基地，年繁育优质蟹苗110 kg，培育优质蟹种12 900 kg。建立200亩集成技术应用示范基地，养殖河蟹120 g/只以上个体达到70%。河蟹亩产41 kg，综合亩产值5 044元。

2015年，应用生物信息学和分子生物学手段开发河蟹SSR分子标记，筛选获得与河蟹生长性状紧密相关的分子标记SSR 1107，建立七里海优质河蟹分子标记辅助选育技术，优化完善七里海优质河蟹选育技术体系，在F_5代七里海河蟹基础上选育出生长速度提高36%、肥满度高、七里海风味浓郁的F_6代七里海优质河蟹。应用膜片钳技术，成功观察体内外环境因子对河蟹眼柄神经内分泌细胞分泌神经多肽激素的影响，揭示环境因子对河蟹生长发育的调控作用机制。探讨了钙激活钾通道在河蟹血淋巴细胞免疫中的作用，为开展优质河蟹培育技术研究奠定了技术基础。集成应用高效营养饲料、饲料微藻培育技术、种草投螺技术，筛选出适宜七里海养殖生产应用的蟹种高效饲料系列。结合河蟹眼柄神经内分泌学研究成果，开展优质河蟹生态养殖技术试验研究，创新七里海优质河蟹苗种培育技术模式。开展七里海优质河蟹生态养殖技术示范，繁育七里海优质蟹苗340 kg，培育七里海优质蟹种63 540 kg，养殖成蟹307.22 t，销售收入3 889.38万元，实现利税1 822万元。

2017年，在转录组、表达谱、蛋白质组贯穿分析基础上，构建了重要功能基因体外表达及验证技术平台，发掘并验证了河蟹代谢生长相关重要功能基因，应用小球藻生物介导技术，探索了功能基因育种新途径。应用贯穿分析结果和EST数据库，筛选获得与河蟹生长性状相关SSR分子标记11个，建立七里海优质河蟹分子标记育种技术体系。以项目选育的优质河蟹为材料，构建1 400只规模的育种群和21个父系全同胞育种家系，筛选培育出生长速度提高28%、肥满度高、七里海风味浓郁的F_8代七里海优质河蟹。开展七里海优质河蟹苗种应用示范，繁育优质蟹苗340 kg，培育优质蟹种40 500 kg，养殖成蟹307.22 t，销售收入3 835.94万元，实现利税1 778.6万元。

2. 开展土池规模化苗种繁育 在天津市立达海水资源开发有限公司建立中华绒螯蟹市级苗种繁育基地1处，面积110亩，池塘23口，平均亩产蟹苗29.09 kg，2021年生产并销售生态蟹苗3 200 kg，实现总产值192万元，总利润49.895万元，总结形成了天津地区蟹种稻田培育技术要点及天津地区中华绒螯蟹土池育苗技术。

天津立达海水资源开发有限公司隶属于天津食品集团，成立于1979年，注册资金6 000万元人民币，是以"津立达"苗种繁育和工厂化养殖为主，兼有水产品加工、销售和科普培训等功能的科技型国有独资企业。公司拥有较大规模水产养殖基础设施，国内先进的水处理和试验检测设备；具备进行工厂化、池塘等不同养殖方式、不同季节开展科学研究、开发和生产的优越条件。公司先后被评为

"国家级水产健康养殖示范场""国家海水鱼产业技术体系示范基地""天津市海水养殖种业技术工程中心""天津市海水养殖科技创新与成果转化基地""天津市农业产业化经营重点龙头企业""天津市水产良种场",以及天津市滨海新区国家现代农业产业园对虾、鲆鲽鱼种苗培育中心等。

3. 开展中华绒螯蟹"牛奶病"综合防控技术研究与应用 中华绒螯蟹"牛奶病"于2020年首次在全国范围内发生,病蟹体消瘦,不食,少活动,附肢基部与身体连接处呈乳白色,去除附肢可见白色乳液流出。蟹腔内可见大量白色乳状液,滴片观察可见大量酵母菌,鳃组织结构破坏严重。针对2020年4—5月天津地区暂养的中华绒螯蟹蟹种大规模暴发的"牛奶病",开展了病原分离、鉴定和致病性研究。从发病蟹种体内分离到1株优势菌JMB-1,注射感染试验证实该菌株对中华绒螯蟹具有较强致病性,死亡率100%,病症与自然发病蟹相同;采用浸浴方式也可感染健康中华绒螯蟹,感染率相对较低,从濒死蟹体内可分离到形态与JMB-1一致的菌株。采用细菌分离、显微镜观察、PCR等技术排除细菌、中华绒螯蟹螺原体、血卵涡鞭虫、对虾白斑综合征病毒等病原的原发感染,确定菌株JMB-1为本次"牛奶病"的唯一确定病原。通过形态观察、生理生化试验及18S rRNA、26S rRNA、ITS基因序列分析将菌株JMB-1鉴定为二尖梅奇酵母(*Metschnikowia bicuspidata*)。扫描电镜结果显示,病蟹肝胰腺、肌间隙及结缔组织中存在大量出芽生殖的病原菌。2020年5—10月,对天津地区稻田中养殖的中华绒螯蟹蟹种及成蟹进行检测,未发现二尖梅奇酵母,推测"牛奶病"的暴发与养殖环境密切相关。该病目前尚无有效的治疗措施。对中华绒螯蟹"牛奶病"的防控,应坚持预防为主,从苗种、饲料、水质等方面入手:一是购买体质健壮、活力强、检疫合格的蟹种,控制养殖密度;二是投喂优质的配合饲料;三是做好日常管理,观察河蟹活动状况、摄食情况、蜕壳生长情况、水质变化等,做好综合防控。

4. 开展稻渔综合种养模式构建及关键技术研究与应用 2021—2024年,开展了天津市科学技术委员会重点研发计划《稻渔综合种养模式构建及关键技术研究与应用》项目实施,围绕稻田养殖主导优势品种河蟹,开展稻渔综合种养技术研究与应用。建立稻蟹种稻田培训示范基地3个,优化水稻减肥降本、河蟹苗种放养密度、饲料营养与投喂等要素,进行稻田浅水生态环境变化及影响因子研究。水稻亩产量600 kg、稻蟹亩产量50 kg、构建稻田蟹种高效培育模式,形成天津地区稻田蟹种培育及越冬储养技术要点。构建稻成蟹种养模式,优化形成稻蟹高效种养技术要点,示范面积达到5 000亩,河蟹亩产量达到16 kg。通过项目实施,首次通过优化苗种投放密度、营养与投喂等关键要素,构建了符合天津地区种养条件的稻田蟹种高效培育模式与稻成蟹绿色高效种养模式。首次在天津地区进行稻田浅水生态环境变化及影响因子研究,探寻建立稻田种植生态系统、河蟹养殖生态协同相互影响关系,为稻田生态环境利用与评价提供理论与实践依据。

首次在本地区进行基于稻田养殖河蟹饲料营养与脱壳生长（增重）关系的研究，为种养模式构建提供基础理论依据。

5. 开展稻蟹综合种养技术服务及示范推广　2018年，围绕发展绿色农业的总要求，组织编写了《天津市绿色健康水产养殖技术明白书》，介绍了鱼虾混养生态防控技术、稻渔生态立体养殖技术等9种水产绿色健康养殖模式，并通过全市水产推广系统向养殖生产者进行推介。2020年，天津市农业发展服务中心组织印发了《稻渔综合种养技术服务手册》，介绍了"牛奶病"防控措施、投喂要点、农药使用原则等，同时组织技术人员针对本地区稻田生产条件编写了《稻蟹生态种养技术要点》指导养殖实际生产。天津市水产研究、动物疫病控制、农业环境监测机构和有农业的相关部门，组建了区域性服务组和市级专项服务组，围绕稻蟹综合种养关键技术环节开展服务，包括发布稻渔综合种养技术等明白纸、测定养殖水质、监测病害等。以区域示范基地为样板，总结典型模式，并通过技术咨询、培训交流、现场观摩等形式，保障天津市稻蟹综合种养关键技术的落实。同时发布了2个地方标准：《稻田培育蟹种技术规范》《河蟹稻田养殖技术规范》。

（三）品牌创建

当地规模较大的专业合作社近几年生产发展很快，区域性品牌创建和保护的意识比较强，发展良好的合作社建立了自己的产品品牌。通过本地电台、报刊、微信公众号等加强对稻、蟹等特色农产品的宣传。蟹田米、稻田蟹等特色产品在天津本地以及北京、河北等地的消费认可度很高，如杨岗庄"稻蟹缘"（蟹、米）、东走线窝村"走燕窝（蟹、米）"、王建庄"蟹田米"等。由于产品品质优良，市场销售价格优势显著，与市场上的普通产品相比，蟹平均每千克单价高出10元、稻米平均单价高出2.0~12.0元/kg。

另外，天津地区七里海河蟹是地理标志保护产品，品种优良，在天津及周边地区也有较高的认可度（图1-1）。但近几年由于苗种繁育规模、养殖区域规划等原因，七里海河蟹的产量受到了影响。天津市也在积极开展七里海河蟹的繁育与保种工作，增强对这一特色产品（品牌）的保护和发展力度。

图1-1　七里海河蟹

三、天津市稻渔综合种养发展展望

(一) 天津市稻渔综合种养发展问题

1. 种植养殖技术的问题 一是生产方式相对粗放。通过实验研究发现，目前有些区域的稻田综合种养方式与纯粹水稻种植相比较，不仅化肥用量没有减少，农药和渔药费不减反增。稻蟹种养方式农药和化肥的理论使用量相比传统水稻种植应相应减少，因此必须改变粗放型的种养方式，科学适量少用药、少施肥，在专业人员的技术指导下降低单位生产成本，提升经济产出。

二是技术标准化问题。与池塘养蟹相比，稻田养蟹的发展较为落后，缺乏标准化的操作规程，特别是苗种选择、营养需求和育肥时间方面。随着稻蟹养殖模式的推广，各大水系的种质资源混杂，适合稻蟹养殖的苗种缺乏，苗种质量问题已凸显出来。在中华绒螯蟹的养殖过程中，稻田养殖专用饲料的开发以及投喂技术需要研究。

三是种植技术问题。适宜稻蟹种养的水稻优质高产多抗养分高效利用的品种不多，更无专门品种选育。生物防治、农艺管控、理化诱控、水肥管理、生态调控等手段利用不够。对养蟹安全的水稻施肥技术及水稻病虫草害防控技术欠缺，集成度不高。化肥农药替代产品不足，自动化智能精准施用技术急需加强。肥药协同利用和多病虫协同防治技术缺乏，替代技术产品没有充分应用，高效施用配套技术集成度低、技术推广效率不高。

2. 病害防控的问题 2020年，天津地区首次发现河蟹"牛奶病"，4月中旬至5月中旬蟹种暂养期间，发病率可达90%以上，死亡率50%以上，且没有有效的治疗方法。近3年，天津和辽宁盘锦蟹种主产区"牛奶病"呈多发高发态势，给养殖户带来了较大损失，对河蟹苗种生产、稻蟹综合种养影响较大，严重影响产业的健康发展。疾病基础研究滞后，部分主要疾病病因尚未明确，与生产需要还有较大差距，亟待解决常见疾病病因、致病机理、流行病学规律及绿色防控技术。

3. 产业推广及效益问题 一是产业推广度和产品知名度不高。一方面，表现为一些经营主体对稻蟹综合种养的认识有偏差。如过度追求"养"的效益，忽视水稻生产，盲目提高水产养殖密度和饲料投喂量，造成土壤和水质问题，或是以种植有机稻为名义，减少水稻种植穴数，完全不使用化肥。另一方面，稻蟹综合种养经营主体分散，难以在生产和销售等方面形成合力，大多数种养户主要通过传统的塘口批发、零售或者进入农贸市场销售，缺少利用电商平台进行宣传、销售的意识和经验，缺乏有效的产品推广手段。消费者对于产品的了解不多，缺乏了解的途径和机会，这对于其销售和推广带来了不利的影响。

二是品牌创建缺乏专业化指导。总体上，稻蟹综合种养经营主体对稻蟹综合种养产业本身特性认识不够、研究不深，存在地区发展能力与产业发展条件不匹配的问题。好的产品没有售出好的价格，消费者对稻蟹共生种养模式产出的大米接受程度不高，综合种养产出的稻谷加工成大米后，价格跟普通大米基本没区别，加上没有响亮的河蟹品牌，稻田养殖的河蟹价格也与市场价持平，没有体现出应有的价值。

三是一二三产业融合度不高。从天津市整体来看，种养主体与二三产业融合程度较低，大部分产品还是传统的鲜活直销，流通渠道不宽，加工产品种类较少，缺少集苗种繁育、产品加工、冷链物流、休闲餐饮于一体的全产业链条经营企业。

（二）天津市稻渔综合种养对策和建议

1. 不断提升稻渔综合种养技术　提升技术支撑和指导力度。向技术要效益需要有针对性定向培养技术型复合人才，必须具备种植生产和水产养殖知识储备，通过复合人才下田指导，根据实地具体情况培训种养户有关稻蟹种养共生的基础知识理论，如化肥农药的具体施用时间及科学使用量，以及基础的沟渠设施建设等。同时要因地制宜地对种养户实际困难具体分析，制定不同方案适应不同条件，促使种养户的技术能力和水平大幅度提高，在有效降低生产成本的同时，产生更多的经济效益。聚焦种养技术耦合、优良品种选育、病虫草害防控等，加大关键核心技术攻关，创新优化生态种养模式，强化技术推广服务，为产业发展提供有力支撑。

构建稻蟹综合种养技术标准。结合国家级示范区创建，组织开展稻蟹综合种养示范基地、示范区、示范县等创建活动，高标准打造了一批示范样板，推广先进适用技术和模式，培育壮大经营主体，发挥辐射带动作用，推动形成规模化经营、标准化生产的发展格局。发展多品种综合生态养殖，推广稻蟹、藕蟹等生态种养模式，放大生态综合效应。降低养殖生产成本，规范生产投入管理，提高设施装备水平，进行标准化、智能化和适度规模化养殖，提高河蟹养殖水体利用效率。

2. 做好病害防控　整合防治管控工作，加强行业技术融合、病害基础理论研究。对外购水产苗种要求供应方提供检疫证明，对"牛奶病"等传播快、危害大但未列入疫病范围的病害，采购前也要做好相应的检验和检疫，严防外来病原入侵。对未发生河蟹"牛奶病"的田块加强管理和保护，暂养期间加强投喂，保持良好的水质条件，降低暂养密度，做好暂养区的清淤改底，做好苗种等投入品的质量控制；对已发生病害的田块指导其调整养殖品种，进行稻鱼、稻虾等种养模式，降低养殖风险。

3. 加强宣传和产业融合　一是加大宣传力度、改进宣传方式。开展稻蟹综合种养基地、产品"三品"认证。大米、水产品加工企业统一品牌包装销售。支持品牌企业通过各种媒体开展品牌宣传推介；利用各种农产品展销会、农业博览会等展会参加产品展示展销，扩大品牌影响力和知名度；在大型电商平台建网点，在一线城市建立直销店，实现产品销售线上线下齐头并进。

二是牢固树立品牌意识。在推动稻蟹综合种养产业发展中，将品牌建设作为提高产品附加值，倒推产业聚集和标准化生产，促进产业化发展的重要抓手，培育一批竞争力强、影响力大、带动作用明显的区域公共品牌和一批产品优、信誉好、美誉度高的企业与产品品牌。一方面，积极创建区域公共品牌，奠定产品品类认知基础，适时上市，及时多渠道、多形式销售，合理规避市场风险，充分利用品牌效应带动价格的提升。另一方面，通过公共品牌背书，培育企业和产品品牌，加强河蟹品牌经营。

三是一二三产业深度融合，提高产品附加值。积极拓展多种功能，挖掘多元价值，稻蟹综合种养与休闲、旅游、生态、文化、教育、康养等深度融合，创意农业、休闲农业等农文旅融合。积极探索农业文化遗产品牌价值转化为产业经济价值有效途径，建设稻蟹共生特色观光基地，优化农业旅游景观，深挖农耕、民俗和饮食等文化元素，举办庆祝中国农民丰收节活动等文化节庆，农文旅融合发展，带动产业升级。

第二章

稻蟹综合种养技术
——稻作技术

第一节　水稻品种选择

一、天津水稻品种演变

种子是农业的芯片，优良品种是稻作的关键。水稻增产贡献中约60%源于品种，品种决定着产量，更决定着田间抗性和稻米品质。种植良好抗性的品种能够大幅度减少农药使用，更是创造稻蟹种养良好生态和经济效益的重要保障。天津水稻品种经历多次历史性演变，不同株型、不同粒型品种对产量、品质、抗性与稻蟹种养及效益产生着深刻影响。

（一）品种演变

纵观天津市水稻品种演变历史，近150年来从引进安徽等地农家品种，到20世纪初引进日本、朝鲜品种，到20世纪60年代研发自主知识产权品种，再到21世纪以来全部实现天津自主研发品种的应用。21世纪以来，天津市水稻育种走在了国内外粳稻育种前列，优质抗逆品种的选育推广为水稻和稻田养蟹奠定了良好基础。

据史书记载，清朝时期，天津小站地区种植的水稻品种是从安徽一带引入的大红芒、小红芒、大白芒、小白芒等。到了20世纪30年代，陆续从日本和朝鲜引入一些水稻品种，如银坊、爱国、水原85等品种，其中银坊在50年代一度占小站稻栽培面积的60%以上。20世纪50年代末，由于银坊等品种穗颈瘟严重，被野地黄金（农垦39）、白金（农垦40）等品种取代。20世纪60年代末，天津市稻作研究所选育的东方红1号、东方红2号、红旗1-12号及引进日本品种"秋丰"等成为天津市主栽品种。20世纪70年代期间，由于干旱缺水，水稻面积较小，期间种植的品种主要有红旗16、中丹2号（中国农业科学院育成）和日本引入的秋光、喜峰等品种。20世纪80年代，由中国农业科学院育成的中花8号、9号、10号、中作321、中系8215和天津市农作物研究所育成的津稻1187等品种陆续成为天津市水稻主栽品种。20世纪90年代初，由于1991年天津市暴发褐飞虱危害，1992年抗稻飞虱品种津稻1187占天津水稻面积的66.9%，成为天津面积最大的主栽品种。1993年后至21世纪初，中国农业科学院育成的中作93以其优质高产、米色青亮、食味佳成为天津主栽品种，在此期间，还有津稻779、中作23、中作17等品种。

2000年前后，全球气候变暖，水稻病虫害加重，水稻灰飞虱、白背飞虱、胡麻叶斑病、条纹叶枯病等在北方地区逐年加重。2003年之后，天津市原种场育成的津原系列水稻品种以其抗病、抗虫（抗稻飞虱）、抗不良环境和优质高产性能优势，成为近20年来天津市水稻主栽品种，并推广到河北、山东等10个省份。

其中，抗条纹叶枯病、抗稻飞虱品种津原45在2007年覆盖天津市水稻面积的95%以上。2013年前后，津原E28以优良食味和抗逆强的优势，占天津市水稻面积约50%，其间搭配品种有津原D1、津原5号、津原17、津原47、津糯1号等品种。2015年后，天津市原种场育成的耐盐碱、优质、抗逆、超高产水稻品种津原89成为连续多年主栽品种，2020年覆盖天津市水稻面积90%，还有天津市农作物研究所育成的津育粳18、津育粳22等品种。随着小站稻产业振兴的大力实施，以香稻品种为主的津原U99、金稻919、天隆优619及津川1号成为天津市小站稻主推品种。

天津市原种场育成的津糯5号是天津市第一个育成的糯稻品种，津香糯1号是天津市首个育成的香糯稻品种，津原黑38是天津市首个育成的黑稻品种，津原香98是天津市首个育成的香稻品种。近年来，天津市特色水稻品种不断选育成功，2021年天津市审定通过的软米品种津原润1号，丰富发展了小站稻品种类型。天津水稻品种由单一普通品种实现了向多种特色品种的多元化发展，也为稻蟹综合种养建立了多种特色经营模式。

（二）品种粒型与质地的演变

粒型代表水稻的质地。我国水稻南籼北粳，我国学者丁颖（1957）根据对中国栽培稻（属亚洲栽培稻）的起源、演变和有关古籍的研究认定，中国栽培稻可分为籼、粳2个亚种。籼稻粒型细长，落粒，较耐湿、耐热、耐强光，但不耐寒，直链淀粉含量高，米饭松散，质地硬，适合我国南方人食用。粳稻粒型椭圆或椭圆偏长，谷粒不易脱落，较耐寒、耐弱光，但不耐高温，直链淀粉含量较低，质地柔软，适合我国北方人食用。随着籼稻与粳稻两个亚种不断杂交融合，籼中有粳、粳中有籼是当今水稻品种的特点。长宽比越大，籼稻的成分越多，米饭食味越倾向于籼稻；反之，粳稻的成分越多，米饭食味越倾向于粳稻。

随着水稻遗传育种的发展和南北人群的融合，天津水稻的粒型也在演化变迁。清朝《津门竹枝词》诗云："作粥葛沽稻粒长，汁滤晶碧类琼浆。"其中，稻粒长且适合煮粥应是籼稻或籼稻与粳稻中间型品种，为长粒型或中长粒型。1871年后，周盛传率兵在小站地区垦荒种稻，种植的种子是淮军从安徽一带引进的大白芒、小白芒等品种，这些品种的稻谷为中长粒型，长宽比约2.0。银坊、喜峰、秋丰等品种为椭圆粒型，长宽比1.8以下，千粒重25 g左右，津稻1187、津稻779、中作321、中作93、中作17、中花8号、中花9号、中花12、中系8215、中丹2号等品种都是椭圆粒型，长宽比1.8以下，千粒重25 g左右。津原45为椭圆粒型，而津原D1、津原E28、津原89、津原U99为中长粒型，长宽比2.0以上，千粒重30 g左右。

从粒型发展看，天津水稻主要经过了从中长粒型向椭圆粒型、再由椭圆粒型到中长粒型的演变，即20世纪前后为长粒型或中长粒型品种的时代，主要是安徽引进的大白芒等品种；20世纪30年代到20世纪末，无论是日本、朝鲜引进品种，还是国内育种单位自主研发的品种都是椭圆粒型，千粒重25 g左右；21世纪以来"津原系列"品种为主的中长粒型品种，千粒重30 g左右。

21世纪以来，在市场导向下，水稻粒型实现了从椭圆粒型向中长粒型的转变，中长粒型品种改变了椭圆粒型品种黏度过大的不足，米饭柔软滑爽，更适合现代人的消费口味及煮饭器具的变化，如津原E28、津原89，尤其是津原U99的育成推广更体现了这一特点，充分体现了由适合北方人消费向南北方消费者共同喜爱进化，是近年来高端大米的主流粒型，外观晶莹光滑、垩白少，清香，米饭柔韧香甜，劲道、不黏不散，冷饭不回生、不冷硬、弹性好、更香甜，食味品质能与日本品种越光媲美。近年通过对150年来不同历史阶段的12个主栽品种的溯源种植与品尝，当今小站稻的品质无论外观和食味都超过了历史小站稻品种，稻米质地实现了由柔软向柔韧香甜质地的演变，为高端稻蟹种养大米的文化宣传、满足人民对高品质大米的需求奠定了坚实基础。

（三）天津水稻品种株型的演变

我国水稻育种历经矮化育种、杂种优势利用、理想株型育种的3次突破，矮化育种使世界水稻产量翻了一番，杂种优势利用大幅度提高了南方籼稻产量，北方粳稻产量突破主要是理想株型育种，而过去的理想株型育种主要是直立穗理想株型。

水稻的株型代表着产量。21世纪前，天津水稻株型基本是弯曲穗株型，大白芒、大红芒等株高150~190 cm，芒长8~10 cm，叶片、穗弯曲，易倒伏，单产不足150 kg/亩。银坊株高131 cm，穗颈长、易倒伏，单产150 kg/亩。喜峰、中丹2号、中花系列品种、中作系列品种、中系系列品种、津稻1187、津稻779等品种株高100~110 cm，除日本品种之外，这些品种的抗倒伏能力明显增强，单产400~600 kg/亩。21世纪以来，天津水稻株型多元化发展，弯曲穗株型代表品种津原45、津原D1、津原E28、津原U99、津稻9618、金稻919、津川1号、天隆优619等，株高105~115 cm，单产550~700 kg/亩。直立穗株型代表品种津稻5号、津育粳18、津育粳22等，株高100~105 cm，单产700~750 kg/亩。半弯曲穗株型代表品种津原47、津原97、津原89等，株高100~110 cm，单产750 kg/亩左右，其中津原89具有叶片直立、通风透光、抗倒伏等直立穗株型品种的特点，又具备弯曲穗株型品种灌浆快、品质优等特点，实现了两种株型的优势互补，且穗大、粒重（千粒重30.8 g）、上下籽粒同步灌浆，结实率高（93%）等特点，一般单产750 kg/亩以上，高产田850 kg/亩左右，超高田突破900 kg/亩，经同行专家鉴定命名为"半弯曲重穗大粒理想株型"，该株型遗传率高、育种稳定快，实现了优质抗逆超高产。

水稻株型不仅关系着群体光合效率，也影响着田间透光率，透光率的多少影响着蟹的生长。据有多年养蟹经验的津南区小站镇杨利试验，在生长势强、叶片较长、遮光多的津原U99的稻田蟹的数量和体重明显大于生长势一般、叶片偏紧凑、遮光偏少的种植金稻919的稻田。因此，就时下水稻主栽品种来说，侧重水稻产量的稻蟹田适宜选用半弯曲重穗大粒株型品种或直立穗株型品种，侧重蟹产量的稻蟹田适宜选用弯曲穗株型品种。

（四）小站稻抗性的演变

品种抗性是水稻生产的基本保障，也是稻田蟹生长的关键。气候影响着环境的变化，考验着品种的抗逆能力。如雨水多的年份易发生稻瘟病、稻曲病、稻飞虱等病虫害，尤其是随着全球气候变暖的发展，极端气候多发，高温热害、低温冷害、强风、低湿等气候对水稻产生了很大影响，生产上对水稻品种提出了更高要求，不仅需要抗病、抗虫能力强，更要对各种极端天气有良好的抵抗能力。

稻瘟病是水稻世界性第一大病害，历史以来品种演变最大的推动者是稻瘟病，如50年代银坊被野地黄金等品种取代，喜峰被中丹2号取代，中花8号、中花10号等品种被中作321等品种取代，以及中系8215、中作23、津稻5号等品种都因为稻瘟病而淘汰。其次是稻飞虱，津原系列品种推广前，每年都发生不同程度的稻飞虱危害，包括本地越冬的灰飞虱、迁飞的白背飞虱，常年在分蘖中后期与抽穗灌浆期危害水稻，造成不同程度的减产，最严重的是1991年迁飞的褐飞虱，造成天津市86.5万亩稻田有82.41万亩受到不同程度的危害，其中39.03万亩严重发生，13.06万亩绝收，优质高产品种中作321被淘汰；21世纪初发生的水稻条纹叶枯病导致中作93、中作17、津稻779等几乎所有品种淘汰，正是灰飞虱传播的病毒病造成的。极端天气也是淘汰品种的一个重要原因，如2005年8月9—15日连续7 d高温高湿天气，导致高产杂交稻品种津粳杂2号结实率仅50%左右，造成大幅度减产。2018年7月底至8月初高温高湿，造成津育粳18颖花退化率达10%以上，严重地块达30%以上。

抗病、抗虫、抗不良环境的"三抗"水稻品种是气候变化对品种的基本要求。进入21世纪后，津原45的育成推广彻底克服了号称水稻"癌症病害"条纹叶枯病，解决了稻瘟病和稻飞虱多发的问题，2008年成为国家水稻"京津唐组"区域试验对照品种，从审定至今，生产上未发生过稻瘟病，与感稻飞虱品种相邻种植，未见稻飞虱的危害，以津原45衍生的新品种抗逆能力进一步增强，其中，津原E28在继承津原45抗性基础上，抗稻曲病，经四川省水稻研究所耐高温鉴定：耐热性强。以津原45为亲本育成的津原黑1号，不仅抗稻瘟病、抗稻飞虱等病虫害，经浙江省农业科学院植物保护与微生物研究所抗虫性鉴定，中抗二化螟，是极少有的抗二化螟品种。以津原E28与津原11杂交育成的津原89，在继承津原E28抗性基础上，耐盐碱性强，耐盐能力达4‰以上，耐厌氧强，在多年藕改稻田表现突出的生产能力，单产750 kg/亩左右。以津原E28为核心亲本育成的香稻品种津原U99，在2021年对水稻极其不利的环境下，表现出抗稻瘟病、耐盐碱强、耐旱强、耐涝强等综合抗逆能力。以津原89为亲本育成的软米稻品种津原润1号对稻瘟病、稻飞虱等病虫害表现出良好抗性。

二、天津地区稻蟹种养主要水稻品种介绍

抗病、抗虫、抗不良环境的"三抗"水稻品种能减少农药用量30%~70%，耐盐碱、分蘖力强的品种能减少氮肥30%~40%。肥药双减的水稻品种能为蟹的生长发育创造良好生态环境，而蟹在稻田的活动能减少稻田各类杂草，从而进一步降低了对水稻的危害和农药的使用，形成了良好的稻蟹共生的生态系统。具有"三抗"能力的津原系列等品种为天津稻蟹种养提供了坚实的技术保障。

（一）津原89

品种来源：津原11/津原E28

选育单位：天津市原种场

审定情况：津审稻2015001，（冀）引种〔2018〕第1号，鲁引种2020058

品种权号：CNA 20160032.0

品种优势：耐盐碱、抗逆强、品质优、超高产

特征特性：粳型常规水稻品种。全生育期平均173 d，半弯曲重穗大粒株型，株高105 cm，根多、根粗、根长，茎粗，穗长22.5 cm，每穗总粒数185.4粒，结实率93.1%，千粒重30.8 g，同步灌浆，活棵成熟。

抗逆性：耐盐碱性强，在水质全盐含量4‰或Cl⁻含量2.5‰，pH8.0左右的条件下正常生长。高抗条纹叶枯病、抗稻瘟病、中抗胡麻叶斑病、抗灰飞虱，中抗稻曲病，抗倒伏，经河北省农林科学院滨海农业研究所鉴定，津原89含有对京津唐稻区稻瘟病优势小种高抗的Pi-ta基因。多年生产表现，耐高温、耐低温等多种不良环境。

品质：达《食用稻品种品质》（NY/T 593—2013）优质一等标准，食味品质与津原E28相当。

产量：一般亩产750 kg以上，高产田800 kg以上，超高产田突破900 kg，百亩以上最高亩产930 kg。2020年按照农业农村部超级稻认定办法验收，百亩方实收测产882.9 kg/亩。年度间产量稳定（图2-1）。

图2-1　津原89

(二) 津原U99

品种来源: 津原香98/津原E28

选育单位: 天津市原种场

审定情况: 津审稻20170001; 2019年河北省引种备案(冀)引种〔2021〕第1号; 2020年山东省引种备案(鲁引种2020057)

品种权号: CNA 20172899.7

品种优势: 优质香稻、耐盐碱、抗逆强、抗病、抗虫、高产

特征特性: 全生育期175 d(山东东营地区150 d), 株高115 cm, 叶色淡绿, 成熟期金黄色, 分蘖力强, 穗长25 cm, 每穗粒数165粒, 结实率93.8%, 千粒重28.5 g, 籽粒较长, 年度间产量及综合性状稳定。

抗逆性: 耐盐碱性强, 经辽宁省盐碱地利用研究所鉴定, 在全盐含量4‰的盐土、淡水灌溉条件下, 全生育期的综合耐盐性表现强。近年在盐碱较重的天津市的西青区、津南区及山东省的东营市等地种植, 与耐盐碱强的品种津原89产量相当。2021年, 经专家组对宁河区东棘坨镇西棘坨村(宁河区绿萝家庭农场)种植46.7 hm², 津原U99在插秧后连续干旱23 d, 田间裂缝深10 cm左右、最深达15 cm, 裂缝宽3 cm左右、最宽达4 cm情况下, 经专家组现场实收鉴定: 生长良好, 无病虫害, 综合抗性强, 平均产量676.5/亩, 耐旱性强。2021年, 郑州开封市祥符区杜良乡杨寨村示范水稻品种10个, 7月23日至8月1日连续淹水8 d, 津原U99无死苗, 经专家组现场测产鉴定: 津原U99平均产量423.7 kg/亩, 耐涝性强。

品质: 达《食用稻品种品质》(NY/T 593—2013)优质一等标准。

产量: 一般亩产650 kg, 高产田700 kg以上, 年度间稳产且品质稳定(图2-2)。

图2-2 津原U99

(三) 金稻919

品种来源: 津稻169/京香132//津稻17

选育单位: 天津市农作物研究所

审定情况: 国审稻20200047

品种优势: 香稻、优质、高产、抗逆

特征特性: 粳型常规水稻品种。在京津唐粳稻区种植, 全生育期175.8 d, 比对照津原45晚熟0.8 d。株高110 cm, 穗长20.6 cm, 每亩有效穗数23.3万穗, 每穗总粒数113粒, 结实率93%, 千粒重26.3 g。抗性: 中感稻瘟病, 中感条纹叶枯病, 米质主要指标: 整精米率71.6%, 垩白度1%, 直链淀粉含量16.4%, 胶稠度

71 mm，碱消值7级，长宽比1.9，达到《食用稻品种品质》（NY/T 593—2013）标准一级。一般亩产650 kg（图2-3）。

图2-3　金稻919

（四）津原97

品种来源：盐丰47/津原45//津原11/津原E28

选育单位：天津市原种场

审定情况：京津冀审稻20180001；国审稻20200045

品种权号：CNA 20182856.7

品种优势：耐盐碱、茎秆粗、抗倒强、抗病虫、品质优、高产

特征特性：全生育期174 d，株高102.8 cm，穗长20.3 cm，每穗穗粒数165粒，结实率90.9%，千粒重26.9 g，叶色绿，分蘖力中等，茎秆粗壮、抗倒伏强，年度间产量及综合性状稳定。

抗逆性：中抗稻瘟病，抗条纹叶枯病，抗灰飞虱。

品质：达《食用稻品种品质》（NY/T 593—2013）优质二等标准。

产量：一般亩产高产田700 kg以上，年度间产量稳定（图2-4）。

图2-4　津原97

（五）津原986

品种来源：津原100/津原89

选育单位：天津市原种场

审定编号：津审稻20210002

品种权号：申请中

品种优势：耐盐碱、抗倒强、抗病虫、品质优、高产

特征特性：全生育期174 d，株高102.8 cm，穗长20.3 cm，每穗穗粒数165粒，结实率90.9%，千粒重26.9 g，叶色绿，分蘖力中等，茎秆粗壮、抗倒伏强，年度间产量及综合性状稳定。

抗逆性：中抗稻瘟病，抗条纹叶枯病，抗灰飞虱。

品质：达《食用稻品种品质》（NY/T 593—2013）优质二等标准。

产量：一般亩产高产田700 kg以上，年度间产量稳定（图2-5）。

图2-5　津原986

(六) 津原润1号

品种来源： 南粳9108/津原89

选育单位： 天津市优质农产品开发示范中心（天津市原种场）

审定情况： 津审稻20225001

品种类型： 软米品种

品种权号： 申请中

品种优势： 耐盐碱、抗倒伏、抗病虫、品质优、高产

特征特性： 全生育期173 d。株高105.5 cm，穗长17.5 cm，每穗总粒数140.9粒，结实率91.5%，千粒重25.3 g，亩有效穗20.7万穗。

抗逆性： 稻瘟病综合抗性指数两年分别为5.0，穗颈瘟损失率最高级5级，中感；条纹叶枯病抗性3级，达到抗级。

品质： 达到《食用稻品种品质》（NY/T 593—2013）米质主要指标，整精米率64%，垩白度9.2%，直链淀粉含量10.5%，胶稠度81 mm，碱消值3.5。

产量： 一般亩产700 kg以上，年度间产量稳定（图2-6）。

图2-6 津原润1号

(七) 津糯3号

品种来源： 津原47/津糯1号

选育单位： 天津市优质农产品开发示范中心

审定编号： 津审稻2012001

特征特性： 粳糯常规水稻品种。全生育期平均172 d，直立穗型，株高108 cm，穗长19 cm，每穗总粒数157粒，结实率95.7%，粒形椭圆，千粒重25 g。抗稻瘟病，抗条纹叶枯病，中抗稻曲病，抗倒伏，品质达到《优质稻谷》（GB/T 17891—2017）标准粳糯优级。一般亩产700 kg，高产田达750 kg（图2-7）。

图2-7 津糯3号

(八) 津原黑1号

品种来源： 龙锦1号/津原45

选育单位： 天津市原种场

审定情况： 2013年天津市农作物品种审定委员会审定

审定编号： 津审稻2013001

特征特性： 常规水稻品种。全生育期平均173 d，弯曲穗型，株高110 cm，穗长23.5 cm，每穗总粒数140粒，结实率93.1%，千粒重26 g。中抗稻瘟病，抗条纹叶枯病，抗稻曲病，中抗倒伏，粒型偏长，品质黑亮，糙米率81.5%，相比同类黑稻品种易煮熟。一般亩产550 kg，高产田600 kg以上（图2-8）。

图2-8　津原黑1号

（九）津育粳22

审定编号： 京津冀审稻20180003

选育单位： 天津市农作物研究所

特征特性： 该品种为常规粳稻品种。全生育期172 d。株高104.3 cm，穗长16.1 cm，每亩有效穗24.9万，每穗总粒数111.9粒，结实率94.4%，千粒重25.9 g，成穗率70.4%。抗性：稻瘟病综合指数5.0，穗瘟损失率最高级5级，中感稻瘟；条纹叶枯病最高级3级，抗条纹叶枯病。主要米质指标：整精米率67.6%，垩白粒率15%，垩白度3.8%，直链淀粉含量15.1%，胶稠度68 mm，2016年和2017年品质检测结果均达到国家《优质稻谷》（GB/T 17891）标准3级。一般亩产700 kg（图2-9）。

图2-9　津育粳22

第二节　水稻育秧技术

一、天津市水稻育秧现状

育秧是水稻生产最关键的技术环节。"秧好半年粮"形象地说明了壮秧对于水稻生产的重要性。对于稻田养蟹来说，培育壮秧就显得尤为重要。壮秧插后无缓秧期，分蘖发生早，可以提前达成高产所需群体质量，实现蟹苗提早投放，延长河蟹生长期，又可以减少化肥农药施用，给水稻和河蟹创造安全的生长环境，可谓一举两得。

天津市水稻正常年份种植面积80万~90万亩，秧田面积7 500~8 000亩。长期以来，育秧都是以农户自育为主，育秧方式为营养土育秧。近年来，随着基质育秧技术的示范推广和水稻新型经营主体的增加，工厂化育秧得到了快速发展。2022年，水稻基质育秧面积首次超过营养土育秧面积（图2-10、图2-11）。

图2-10 温室基质育秧技术

图2-11 露地平铺基质育秧技术

基质育秧的技术优势集中表现在：

1. **秧苗素质好，抗逆性强** 秧苗矮壮，较营养土育苗平均株高降低15%，茎粗增加0.12 m，叶片宽大，色泽亮绿，秧苗的适栽期较营养土育秧长5 d以上。

2. **基质秧苗移栽后无缓秧期** 秧苗根系发达，盘根力强，与营养土育秧相比，每株苗白根增加4条，移栽植伤轻、发根力强，早期发苗快。

3. **与机器插秧技术兼容性强** 基质容重较轻，每盘基质秧重量仅为等体积营养土育秧的60%，插秧机械负荷小，能耗小，对机械磨损轻，栽插速度较营养土育秧提高了20%，且空穴率显著降低，实现了一插全苗，节约了人工补秧环节，降低了种植成本。

4. **避免病虫草害** 基质育秧可有效避免苗期杂草危害，减少立枯、青枯病的发生，降低秧苗期农药使用量。基质育秧育与营养土育秧秧苗素质比较见图2-12。

近几年，由于采用基质育秧技术，壮秧比例增加，插秧期提早，插后缓秧快、分蘖早，也提早了蟹苗投放时间，为水稻和河蟹高产奠定了基础。因此，订单秧苗也逐步成为众多稻田养蟹大户的首选。目前，天津全市水稻主产区都已经建立了规模化的育秧工厂。育秧工厂以比较完善的生产条件、基础设施和现代化的物质装备，进行集约化、标准化、高效率的生产投入，提高了育秧效率、安全性和服务半径，水稻秧苗产业已经成为水稻产业发展新的经济增长点（图2-13、图2-14）。

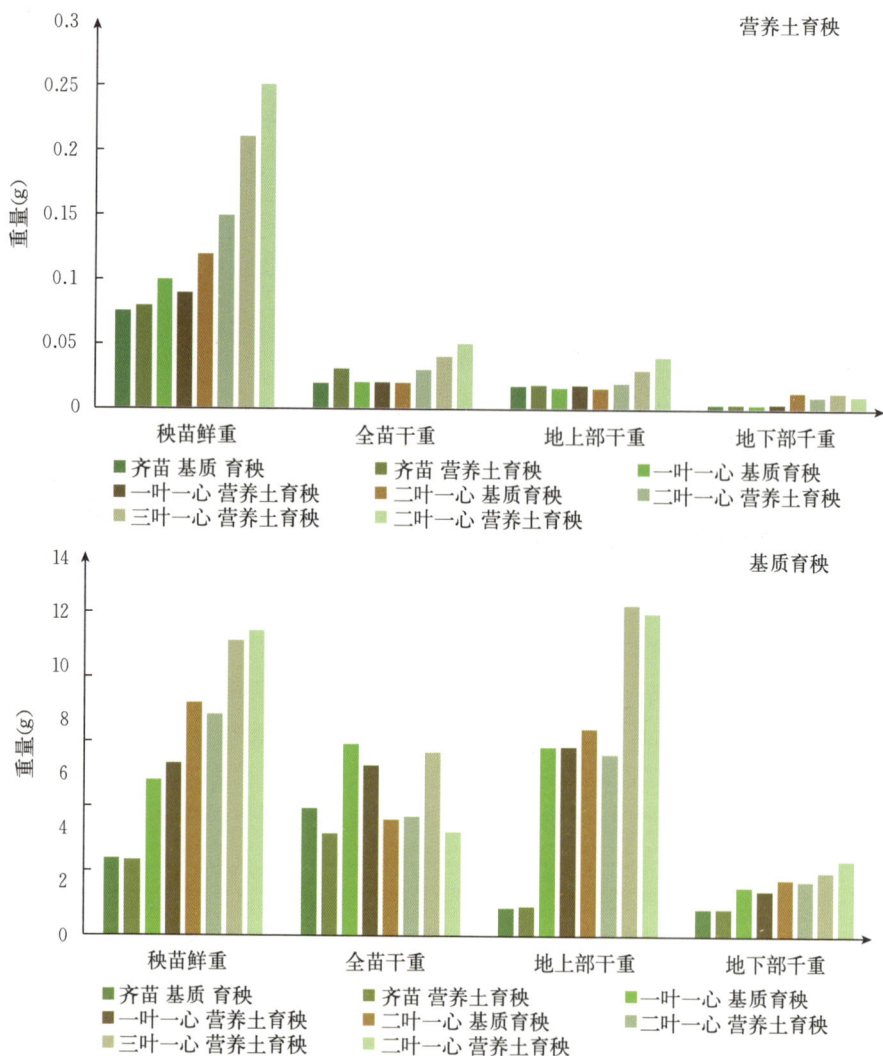

图2-12　营养土育秧与基质育秧的秧苗素质比较

图2-13　智能化育秧工厂

图2-14　基质育秧秧苗素质

二、水稻基质育秧技术

水稻基质育秧技术是以全营养水稻育秧基质替代营养土育秧，省去取土、施肥等多重工序，农户只需在秧盘上铺基质、播种、浇水即可育出健壮秧苗，把烦琐的育秧技术变得简单易行，实现了水稻育秧技术的"傻瓜化"，是水稻栽培技术的又一革命性变革。

（一）常用的育秧方式

目前天津市水稻育秧根据设施条件不同，分为露地育秧和设施育秧。其中，露地育秧又分为平铺育秧和小拱棚育秧，设施育秧又分为温室育秧和冷棚育秧。

与露地育秧相比，设施育秧具有操作简单、管理方便、使用范围广、育秧安全性高等特点。因此，近几年设施育秧面积快速增加。特别在稻田养蟹时，设施育秧可以实现早育秧、早插秧、早分蘖、早投放，是夺取稻蟹高产的一项先进实用技术。其技术优势表现在：

一是充分利用早春积温，促进秧苗发育，实现蟹苗提早投放。设施保温性能好，设施内昼夜温差小，抗逆缓冲能力强，可比拱棚或者平铺育秧提早插秧5~7 d，相应地提早了蟹苗的投放时间。

二是提高成秧率及安全性高。设施内空间大，秧苗长势均匀，成秧率显著提高。同时，育秧和管理可以全部在设施内进行，不受天气限制，育秧管理便捷，安全性提高。

三是提高秧苗素质，降低生产成本。设施内昼夜温差适宜，有助于秧苗生长和干物质积累，秧苗健壮，插后无缓秧期，病害发生程度轻，降低了农药用量，育秧（成本）投入也大幅减少。

仍有部分农户不具备设施育秧条件，必须采用露地育秧。在露地育秧时也建议农户采用拱棚育秧。相对于平铺育秧，拱棚育秧秧苗生长空间更大，对温湿度的缓冲效果更好，能更加有效地增强抵御早春低温、大风等气象灾害能力，减少病害发生，提高育秧安全性。而平铺育秧虽然成本相对低廉，但易受天气影响。特别是播种早的农户，由于早春气温尚不稳定，低温、高温、大风时有发生，水稻秧苗青，立枯病发生远远高于其他育秧方式。轻者重新播种育秧，重者全田损毁，插秧期无秧可插，给水稻生产带来不可估量的损失。因此，不建议采取露地平铺方式育秧。秧苗的好坏直接关系到全年的水稻和河蟹生产，多费一点工，多花一点钱，多一份全年安全生产和收入的保障。

（二）壮秧标准

壮秧标准可分为形态指标和生理指标。形态指标水稻秧苗形态指标以秧苗群体作为定义对象，不能以个体的情况代表秧苗整体长势。秧苗个体间差异小，生长整齐一致、茎基部粗壮扁宽、根系发达、植株健壮、叶色正常、无病虫害、晨起吐水不蔫不枯、三叶一心时株高13~15 cm。生理指标水稻秧苗的光合能力强、干物质积累多，发根力强，抗逆性强。主要表现在干重大、充实度高（干重/株高），C/N适当、根冠比大。

（三）基质育秧技术规程

1. 品种选择 稻田养蟹首先要选择抗逆性强、需肥少的水稻品种。如果以生产高质量河蟹为主，建议采用津原U99；如果在养蟹的同时要兼顾水稻产量，可采用津育粳22和津原89。

2. 育秧技术 秧田选择：选择地势较高、土质肥沃、平坦、含盐碱较轻、渗透性好、排灌方便的地块。

（1）整地做苗床 每亩本田需准备秧田4 m²。床面平整后压实。拱棚育秧按盘的摆置方法确定秧床宽度，秧床四周开排水沟，床面与排水沟底高度差为10~15 cm。

（2）基质用量 每亩本田用量为125 L（基质标准单位为L，100 L约为40 kg）。

（3）种子处理 一是选种。播种前晒种2~3 d，后用筛扬方法去掉部分杂质，再用泥水浸泡，上下搅拌后捞去漂浮的空秕粒。二是浸种。每50 kg种子用17%杀螟·乙蒜素可湿性粉剂250 g浸种，浸种5~7 d后把稻种捞出后阴干。浸种时必须将稻种破袋后倒入浸种池中，浸种液面必须高出种子6 cm，每天需要搅拌2次，使浸种药液与种子充分接触。浸种过程如有漏水、高出种子的水层低于3 cm的情况，须用17%杀螟·乙蒜素可湿性粉剂200~300倍液补充药液。三是包衣。浸好的稻种捞出控净，每50 kg种子用10%精甲·戊·嘧菌悬浮种衣剂125 mL进行包衣。浸种时除上述三点必须严格执行的措施之外，还要注意以下几点：一是浸种后慎重选择拌种包衣的药剂；二是浸种后不可清洗种子；三是种子须破袋浸种；四是严格遵照上述用药量，不可任意增加使用量。

（4）播种 一是播期，提倡适期早播，充分挖掘品种高产潜力。天津市清明节前气象条件尚不稳定，低温、高温、大风天气时有发生。因此，水稻播种尽量在清明节后开始至4月中旬结束。适宜播期为4月8—15日。二是秧盘，硬盘和软盘均可，每亩本田需准备秧盘25个。硬盘可在消毒后重复使用，软盘要做好回收，防止造成环境污染。购买秧盘时不要贪图便宜，特别注意秧盘高度不能低于2.5 cm，否则盘内基质总量不能满足秧苗全生育期需求，导致秧苗细弱徒长，达不到壮秧要求（图2-15）。三是装盘，将蓬松后的基质装入秧

图2-15 壮秧图示

盘、刮平，保持不低于2 cm厚度，不用镇压。四是播量，根据品种粒重不同合理安排播量，切忌播量过大。以千粒重25 g的品种为例：每个秧盘播种量（以干种子重量计）=（千粒重/25 g）×110 g。五是浇水，浇透基质，以水不流出盘底孔为原则。六是覆盖基质，保持厚度0.5 m。七是覆盖无纺布，冷棚或温室（棚膜，常规每3年更新）在摆好的秧盘上覆盖一层无纺布（≥40 g/m²）（使用量换算成本田：140 g/亩）。切忌购买克数较低的无纺布，天津地区春季多风，秧田期又长，质量较差的无纺布遇大风天气容易破裂，造成秧苗裸露，严重降低育秧安全性。不同厚度无纺布对秧苗素质影响见表2-1。

表2-1 不同厚度无纺布育苗的秧苗素质调查表

不同覆盖材料	秧龄（d）	叶龄（片）	苗高（cm）	鲜重（g/20株）		干重（g/20株）		根长（m）	充实度（g/cm）
				地上	地下	地上	地下		
25g/m²无纺布	35	3.13	11.44	2.31	1.47	0.59	0.15	5.88	0.04 389
	40	3.66	13.34	3.26	1.70	0.67	0.20	7.29	0.04 367
35g/m²无纺布	35	3.40	11.27	3.04	1.62	0.72	0.25	6.15	0.05 425
	40	3.52	14.11	4.02	1.73	0.81	0.29	7.04	0.04 734
40g/m²无纺布	35	3.19	13.19	3.63	1.63	0.78	0.22	7.27	0.04 537
	40	3.37	16.14	4.14	2.23	0.81	0.24	7.35	0.04 236
普通塑料薄膜	35	3.03	15.06	2.17	1.77	0.64	0.15	6.03	0.04 228
	40	3.76	18.60	3.15	1.97	0.76	0.22	6.20	0.03 900

3. 秧田管理

（1）揭无纺布 小拱棚育秧秧苗立锥到一叶一心期，揭掉覆盖塑料薄膜；插秧前5~7 d，揭去无纺布。冷棚或温室育秧秧苗立锥期，当80%秧苗由黄转绿，揭掉无纺布。

（2）温度管理 一是棚室温度。播种到出苗立锥期，棚内温度控制在30~32℃；一叶一心期棚内温度不超过28℃；一叶一心至二叶一心期，棚内温度不超过20~25℃；二叶一心至三叶期，棚内温度控制在20℃。二是降温措施。根据棚室温度采取通风降温、喷淋或浇水降温。

（3）水分管理 底水浇足浇透，出苗前一般不用浇水；如果出苗前基质表面干燥需及时补水；秧苗一叶一心期以后，1~2 d浇1次水，整个苗期保持盘内基质湿润；移栽前1~2天浇1次水。

（4）光照管理 出苗前遮光，出苗后多见光。

（5）病害防治 秧苗一叶一心期喷施30%甲霜·恶霉灵1 500倍液（30%甲霜·恶霉灵50 mL兑水60 kg喷浇200盘），5~7 d后再喷1次。

（6）施肥　秧苗二叶一心期，视苗情每亩追施硫酸铵15~20 kg。

（7）起苗移栽　秧苗三叶一心期，盘根紧实，株高达到13~15 cm起秧。

水稻秧田期最忌秧苗徒长，因此，必须强调适时通风炼苗。一是早炼比晚炼好。全田见绿，及时揭掉无纺布。二是强化早晚管理。一叶一心至二叶一心时，5:00—6:00背风面小通风，降低棚内湿度；随着温度升高，通风口加大。温度过高时，22:00左右关闭通风口，降低棚内温度。

第三节　水稻本田管理技术

一、稻田耕整地技术

（一）稻田耕整与技术要求

稻田耕整地目的是为水稻和河蟹生产创造良好的生长环境，是稻田蟹高产的基础，也是最容易被忽视的环节。近年来，由于稻田耕整地不规范，整地质量不高，给水稻生产带来了诸多问题：田面高低不平造成稻田封闭除草效果差，后期草害严重，施药量增加，降低稻田水质，影响河蟹生长；在缓秧期由于田面高低不平造成灌水深浅不一，出苗不齐，潜叶蝇等害虫发生严重；后期施肥、管水出现问题，影响水稻生长，也会造成河蟹生长障碍。因此，必须高度重视稻蟹综合种养田块的耕整地作业标准和质量。

1. 前期准备　冬季土壤上冻后，秸秆打捆离田，并用搂草机械清理水稻田；春季采取机械筑埂，人工修补、完善和取直灌排渠系，扶埂、封堵水口及作业机车车道。

2. 整地作业流程　机械施肥→翻耕（耕作层土壤与肥料混拌）→机械筑埂→上水泡田（4月20日前完成）→耙地（5月1日前结束）。

3. 整地作业标准

（1）施肥要求　为保证稻田蟹安全生长，水稻采用重施底肥技术。在水稻耕地或耙地前施用60%氮肥、100%磷肥、100%钾肥，采用作业机具一次性均匀撒施于土壤表层，经耕地或耙地后使肥料均匀分布在0~20 cm土壤内。仅留40%氮肥用于分蘖期和拔节孕穗期追施。

（2）翻耕要求　土壤解冻后翻耕，深度10~15 cm，不平地块增加一次交叉旱平，做到水稻田内无暗沟、坑洼，田面高低差和平整度达标。对大面积田块平整，可考虑采用激光平地技术进行旱整。

（3）筑埂要求　池埂下宽上窄，高度20 cm以上，埂下宽40 cm以上，埂上宽25 cm以上。

（4）泡田要求　水层深度5 cm左右，泡田时间5~7 d。

（5）耙地要求　耙地要求达到早、平、净、浅。早：适时抢早，保证有足够的沉淀时间；平：格田内高低差不大于3 cm；浅：水层深度3~5 cm；净：捞净田间水稻秸秆、石块等残渣。搅浆整地后，保持水层5~7 cm，不能落干，沉降时间5~7 d，一般使泥浆层在8~10 cm。

整好的稻田有利于插秧、插后返青和根系的发育。如果泥浆层过厚或者泥土过烂，导致沉降不实，会造成缓秧慢，影响低位节分蘖质量和数量。整好的稻田应上糊下松，泥烂适中，有气有水，高低差不过寸，表面不露泥，灌水棵棵到，排水处处干。

二、水稻插秧技术

插秧是水稻生产极为重要的环节，天津市多为一季春稻，适期早插可以充分利用光热资源，充分挖掘品种生产潜力，提早蟹苗投放时间，提高水稻和河蟹的产量。

（一）插秧技术要求

1. 插秧时期　插秧期早晚的主要决定因素是温度。水稻插秧适宜温度为15℃。天津市5月上旬平均温度超过15℃，因此插秧适期为5月上中旬。插秧的早晚对水稻的生育及产量的影响是很大，一般在插秧适期内每晚插5 d，就要减产5%左右的产量，因此提倡适时早插。

水稻适时早插，有两层含义，既要适时又要早插。水稻适时早插，能充分利用生长季节，延长营养生长期，提早分蘖，增加有效分蘖数和营养物质的积累，显著提高水稻的产量；又能提早投放蟹苗，延长河蟹生长期，提高河蟹产量。另外，早插秧分蘖发生早，营养生长时间长，营养物质积累多，抗病抗倒伏能力增强，可以减少农药用量，实现健康栽培，为河蟹提供舒适的生长环境。

2. 插秧密度　插秧密度决定了每亩基本苗数，也是水稻建立高产群体结构的基础。养蟹稻田在品种选择时，一般选择抗性强、分蘖力强的水稻品种。既可以适当稀植、插稀长密，又能增加抗性、减少化肥使用，继而为河蟹提供良好的生长环境。目前，天津市主推品种均可进行稻蟹养殖。种植密度：行距30 cm、株距18 cm，亩穴数1.24万穴，每穴插4~5苗，亩基本苗5万~6万，可保证较高的起点群体质量，为水稻丰收打下基础（图2-16）。但不管是哪类品种，如果种植在土壤盐碱、肥力较低的田块，插秧密度要大些，每穴可多插2~3株。另外，秧苗的壮与弱也决定插秧密度。壮

图2-16　插秧密度

苗每穴可少插1~2株，靠分蘖确保产量，而弱苗分蘖势弱，每穴可适当多插1~2株，以保证有足够的基本苗数。

为了提高稻蟹产量，养蟹的稻田可采用宽窄行栽插方式，因为目前国内还没有配套的宽窄行插秧机。因此，采用等行距插秧机，即每往返栽插一次，空两个行距（60 cm），穴距在原品种适宜穴距基础上缩小2~3 cm，即采用"扩行、缩穴"的栽插方式，力争亩穴数持平或略减，但通过科学管理可实现水稻不减产、河蟹大增产。

养蟹稻田宽窄行种植主要技术优势为以下几点。

（1）边际增产效应明显 通过扩行、缩穴，在保证基本苗基本持平或者略减的情况下，通过充分利用边际效应，增加单株分蘖每穗总粒数和粒重，达到减株不减产的目标（图2-17）。

（2）光温利用率提高 宽窄行种植改善了通风透光条件，水稻生长上部功能叶片受光态势良好，下部叶片光照条件明显改善，稻田灌溉水温提高2~5℃，土温提高1℃以上，水稻株间的生态环境

图2-17 宽窄行种植

条件得到优化，使水稻光能利用率提高，物质积累增加。

（3）减少病虫害发生 宽窄行种植较好地协调了个体与群体的关系，提高了稻株抗逆性，降低了病虫危害，减少了农药使用量，有效促进了螃蟹的生长。

3. 插秧质量 插秧质量对秧苗的生根、返青的快慢、分蘖的早晚、产量的高低都有很大的影响。插秧首先要根据品种特点安排行距、穴距，为水稻高产打好基础。其次插秧不能过深。适当浅插是提早缓秧、促进分蘖早发的关键措施。一般插秧深度不宜超过3 cm。据测定，表土3~4 cm的土温比6~8 cm的土温要高2℃左右。如果插秧过深，水稻秧苗分蘖节位便伸长，形成所谓的地中茎，造成分蘖节位上移，分蘖发生晚，而且养分消耗在地中茎的生长上，发根力差，常导致僵苗不长。

三、科学管水

养蟹稻田的水分管理较单一种植水稻要相对复杂，需要综合考虑水稻、河蟹、天气等情况确定合理的灌溉措施，解决好稻田用水与河蟹用水的矛盾，保证水稻、河蟹全生育期生长旺盛，最终实现一水双增收（图2-18）。从灌溉水质来说，无论是种稻还是养蟹，好的水质都是重要保障。

图2-18 稻田蟹

养蟹稻田一般应保持较深水位，水深最好保持在20 cm，最浅不低于10 cm。同时，比单一种植水稻对稻田水质要求也较高，条件允许的养殖户要尽量勤换水，在不影响水稻生长的前提下，尽量保持稻田中水质稳定、清新。为避免稻田蟹生长环境变劣，养殖户要随时观察水位、水质，水位过低要及时加水，水色过深应立即换水。一般每7~10 d换水1次。换水时间应在当日10: 00左右，稻田内外水温基本相同时进行。避免换水前后水温变化过大，对河蟹生长造成不良影响。

从稻田养蟹的水分管理来看，比较难以协调的就是水稻分蘖后期的晾田环节，其他时期同一般水稻水分管理即可（图2-19）。晾田是水稻高产、优质、防倒的一项重要措施。天津市种植水稻一般在6月下旬至7月初晾田，时间7~10 d。主要的作用：一是控制无效分蘖，提高肥料利用率；二是稻田排水后，根际微生物活跃，有利于提高稻米品质；三是改善了后期通风透光条件，减少了后期水稻倒伏的风险，提高水稻产量。为了协调晾田排水和河蟹生活需水的矛盾，目前一般缓慢降低水位，给河蟹充足的时间返回沟渠；或者采用分次进行轻晾，以防止水位过低而影响河蟹生长。

图2-19 水稻晾田期

四、施肥技术

养蟹稻田最大的困扰是施肥量不足，难以满足水稻对肥料的需求，造成水稻减产；施肥过多或方式不合理会导致水质恶化，影响螃蟹生长。合理运筹肥料施用，是搞好稻田养蟹非常重要的一环。养蟹稻田的施肥原则是增施有机肥，减少化肥施用；施肥方法是基肥为主，追肥为辅；施肥技术是重施底肥、控施蘖肥、巧施穗肥、补施粒肥。

养蟹稻田一般以施基肥为主，基肥中施用较高比例的有机肥，促进水稻稳定生长，保持中期不脱肥，后期不早衰，群体易控制。每亩底施有机肥1 500 kg、水稻专用肥35 kg，追肥尿素12.5~15 kg，比单一种植水稻减少化肥施用15%以上。放蟹后严格控制追肥数量，每次追施尿素总量不能超过5 kg，以免降低田中水体溶解氧，影响河蟹的正常生长。如果发现水稻灌浆期有脱肥现象，可喷施叶面肥。追肥应避开河蟹大量蜕壳期，追肥前应先排浅田水，让河蟹集中到水沟后再施肥，有助于肥料迅速沉积于底泥中并为田泥和水稻植株吸收，施肥后应立即加深稻田灌溉田水到正常深度。

近年来，养蟹稻田开始推广侧深施肥减肥增效新技术。侧深施肥技术是指在水稻插秧的同时将肥料一次性准确、定量呈条带状施于秧苗一侧且具有一定深度土壤中的施肥方式。可以有效解决传统施肥、翻耕、泡田、放水、整地、插秧方式的肥料流失严重的问题，提高肥料利用率。侧深施肥要合理选择缓释肥料品种，肥料氮素养分缓释期在水田状态下2个月左右（最好不含硝态氮），肥料配比为22-16-10、24-16-8、24-12-10等。在插秧时将肥料施在秧苗行间根侧5 cm、深度5 cm处。亩施水稻复合肥35 kg，插秧后根据苗情追施2~3次尿素，养蟹稻田每次追肥不能超过5 kg/亩，总量10~15kg/亩。

水稻侧深施肥技术是将肥料在放水整地之后，随机械插秧施入水稻根系附近的土壤中。这种施肥方式不仅缓秧快、分蘖早，可以提早蟹苗投放时间，而且施肥总量少。选用的肥料品种为缓控释肥料，避免了一次性大量追肥对灌溉水质的影响，为河蟹提供更安全的生长环境，是一种适宜稻田养蟹的施肥方式，未来可大面积推广。

五、水稻病虫草害防治技术

（一）水稻病虫害绿色防控技术应用

水稻病虫害是影响水稻产量、品质的主要因素。有效控制病虫危害，对保障水稻生产安全、提高种植效益十分重要。近年来，稻蟹高效种养技术得到快速推广，新的生产模式需要优化传统病虫防控技术，兼顾水稻、河蟹种养安全，成为农业技术人员和生产者关注的重要问题。水稻病虫害绿色防控集成是统筹解决病虫防治与河蟹养殖矛盾、实现稻蟹种养双赢、进一步推进农业高质量发展的关键技术。

"绿色防控"是指采取农业防治、生态调控、物理防治、生物防治和科学用药等环境友好型措施控制农作物病虫危害的有效行为。推进绿色防控是贯彻落实"预防为主、综合防治"植保方针，实现农业可持续发展的重要途径。

农业防治技术是在良好土壤、合理耕作、抗性品种、适宜栽培密度和科学管理措施的基础上，配合种子处理、植物免疫和生长调节等植保措施而形成的植物病虫害绿色防控技术。

物理诱控技术是指利用害虫的趋光、趋化特性，通过布设灯光、色板、食诱剂、昆虫信息素诱捕器等诱集或驱赶，控制害虫危害的绿色防控技术。

生态调控技术是指通过对有害生物种群环境进行合理调控、创造适合自然天敌栖息、繁殖的生存条件，使病虫种群增长速度恢复到较低水平，使其逐步减少对作物商品性影响的绿色防控技术。

生物防治技术是指用生物农药控制农作物病虫害的绿色防控技术，按其来源可分为生物活体农药和生物化学农药。

科学用药是指根据防治对象和农药特性，选择高效、经济、安全的农药，不违规使用农药；掌握最佳防治时期，做到达标防治或适时用药；严格执行推荐用药剂量，合理混配药剂；交替用药、轮换用药；严格执行农药安全间隔期。

（二）水稻病虫害绿色防控进展

2015年，农业部组织实施《到2020年农药使用量零增长行动方案》，在农药减量增效的大背景下，天津持续开展水稻病虫害绿色防控技术试验示范。2020年，水稻病虫害绿色防控集成技术模式基本形成，"一浸三防"病虫防控模式和"一封一补"稻田除草模式在生产中广泛应用。到2022年，天津市水稻病虫害绿色防控技术覆盖率达到64.99%。以植保无人机为代表的智能植保机械普及应用推进了社会化服务发展，水稻病虫害统防统治覆盖率居各类农作物之首，达到75.29%。水稻病虫害防治效果和效率得到大幅提升，病虫危害得到有效控制，农药减量成效显著，农业生态环境得到明显改善。天津水稻病虫害绿色防控技术的广泛应用，为稻蟹种养模式的推广奠定了基础。

（三）常见水稻病虫害简介

1. 稻瘟病 危害水稻全生育期，秧苗4叶期、分蘖期和抽穗期易感病。稻瘟病发病轻重受气候条件影响大，适温高湿，有雨、雾、露存在的条件下有利于病害发生流行。田块间病情差异主要受品种抗性、病菌小种变化影响，偏施氮肥有利于发病。稻瘟病综合治理应以选用抗病品种为基础，以农业防治技术为中心，关键时期进行化学防治。天津地区重点预防水稻穗颈瘟，破口至始穗期、齐穗期是防治穗颈瘟的关键时期。

2. 纹枯病 危害水稻全生育期，分蘖至灌浆期易感病。水稻纹枯病属于高温高湿型病害，气温在28~32℃，遇连续降雨，病情发展迅速；气温降至20℃以下，田间相对湿度小于85%时，发病迟缓或停止发病。田间菌源量高、种植密度高、偏施迟施氮肥、长期深灌的田块发病重。水稻纹枯病综合治理以农业防治技术为基础，规范栽培技术、合理控制群体密度、科学施用氮肥是控制病害发展的关键措施。水稻分蘖期丛发病率达到15%、拔节孕穗期丛发病率达到20%的田块，需要进行化学防治。

3. 稻曲病 水稻破口前15 d至破口期为易感病期。稻曲病病菌发育最适温度是26~28℃，水稻破口前20 d至始穗期间的气候条件是病害能否流行的关键因素，若这段时间出现连阴雨，光照少，则稻曲病有可能偏重发生。另外，田间菌源量、品种抗性差异也是影响病害流行的重要因素。稻曲病综合治理应以农业防治技术为重点，选用抗病品种，平衡施肥，后期湿润浇灌，降低田间湿度。结合天气变化，适时进行化学防治。

4. 二化螟 是水稻生产中重要的蛀茎害虫，在天津一年发生2代。二化螟生长发育最适温度为23~26℃、相对湿度为85%~100%，温度超过30℃对幼虫发育不利。偏施氮肥，植株生长旺盛的田块危害重。水稻二化螟综合治理应在强化农业防治技术的基础上，利用灯光、昆虫信息素等物理诱控技术诱杀成虫，保护蜘蛛等自然天敌，释放赤眼蜂增加天敌种群密度。根据田间虫源量，在螟卵孵化高峰后5~6 d进行化学防治。

5. 稻飞虱 稻田长期深灌、排水不良、偏施氮肥、田间郁闭等均有利于稻飞虱发生。蜘蛛等天敌密度对稻飞虱群体消长影响明显。稻飞虱综合治理在选用抗性品种、加强水肥管理、准确掌握虫情的基础上，充分利用灯光诱杀，有效保护蜘蛛等自然天敌，控制田间虫口基数。当田间虫口密度达到800头/百穴时，应及时进行化学防治。

6. 稻水象甲 稻水象甲行两性生殖，也可孤雌生殖，在天津1年发生1代。越冬代成虫在春季气温达10℃左右时开始复苏，先取食禾本科植物新叶，待水稻插秧后进入本田危害。8月下旬，大部分成虫陆续转移到禾本科杂草等寄主植物上越冬。水稻稻水象甲综合治理要在加强种苗检疫的基础上，清除田边杂草，平衡施肥，利用糖醋液和灯光诱杀成虫。采用"治成虫、控幼虫"的策略，在成虫产卵前进行化学防治。

（四）水稻病虫草害绿色防控集成技术

稻蟹种养田在实施病虫害防控的过程中，尽量应用绿色防控技术，创造适宜水稻、河蟹生长的生态环境。充分发挥昆虫信息素、灯光、生物农药等防控病虫的作用，减少化学农药使用次数和数量，达到控病虫、保稻蟹的双赢效果。

必须使用化学农药防治水稻病虫害时要注意以下几点：一是禁用河蟹敏感的农药，如有机磷类、菊酯类、氨基甲酸酯类等农药。二是抓住蟹苗投放前的关键时期开展化学防治，严格控制使用量，充分考虑农药安全间隔期等因素，确定蟹苗投放的安全时间。三是避开河蟹脱壳等关键时期进行病虫防控，此时河蟹对外界环境变化最敏感，需加强保护。四是化学农药有效成分、中间体都可能对河蟹产生不良影响，应优先选择水剂、水分散粒剂、悬浮剂等环保剂型。五是化学农药可选择面窄，尤其是化学杀虫剂，使用化学农药前应充分进行测试试验，实施小范围田间试验，观察药后对河蟹的影响，经多次试验确定安全后方可推广应用。六是规范使用植保无人机等高效植保机械，采取低容量、超容低量喷雾技术，精准施药，减少药液使用量。

1. 选用抗性品种　应用抗性品种是防治病虫害最经济、有效、安全的途径，选择高产、优质，对稻瘟病、稻曲病、条纹叶枯病抗（耐）性突出的品种，选用健康无病种子育秧，做到品质、丰产、抗病三要素有机统一。

2. 控草除虫　4月下旬，控制以芦苇等禾本科杂草为主的稻田沟渠及周边杂草，减少病虫过渡寄主植物；除治稻水象甲、稻蓟马、潜叶蝇、灰飞虱等越冬害虫。这一时期水稻尚未插秧，建议混合喷施除草剂、杀虫剂，结合周边环境和蟹苗投放时间，充分考虑农药安全间隔期。选用草甘膦、高效氟吡甲禾灵等除草剂和阿维菌素、噻虫嗪等杀虫剂，开展控草除虫作业。

3. 播前浸种　秧田期3月底至5月上旬，播种前要做好浸种处理，重点预防恶苗病和干尖线虫，可选用杀螟丹和丙硫菌唑、乙蒜素、多菌灵等药剂混配浸种。注意轮换用药，浸种过程中应认真阅读药剂说明书，保障用药量和浸种时间，定期充分搅拌，提高防治效果。

4. 插秧返青期　5月上中旬，充分利用蟹苗投放前的有利时机，除治本田杂草，达到农药安全间隔期后投放蟹苗。采用"一封一补"化学除草技术，"一封"是在水稻插秧后5~7 d，秧苗活棵后，施用30%苄嘧磺隆可湿性粉剂10~20 g/亩+60%丁草胺乳油100 mL/亩或10%吡嘧磺隆可湿性粉剂15~20 g/亩拌细土或化肥一起撒施，或80%丙炔噁草酮可湿性粉剂6~8 g/亩兑水后瓶甩法撒施，防治稻田禾本科杂草、阔叶杂草和莎草，施药后田间保水5~7 d，只灌不排。"一补"是水稻进入分蘖期后，田间仍有禾本科杂草、莎草点片发生时，可以根据田间草相选择除草剂，进行茎叶喷雾除治。可以选择25%五氟磺草胺可分散油悬浮剂35~45 mL/亩、46%二甲·灭草松可溶液剂100~200 mL/亩茎叶喷雾或33%嗪吡嘧磺隆可湿性粉剂14~22 g/亩拌土撒施。

5. 分蘖期　5月下旬至6月下旬，蟹苗入田，抗逆性低，要谨慎管理，病虫害防治尽量不使用化学农药。这一时期以涵养天敌、优化稻田生境为基础，结合灯光、昆虫信息素诱杀水稻害虫，优先选用生物防治技术，有效控制害虫危害。

（1）保护天敌　开展生态调控，保护蜘蛛、捕食螨、蜻蜓、蛙类等有益生物，也可在水稻螟虫、蛾高峰期释放赤眼蜂等人工繁育天敌昆虫，增加天敌密度。在稻田边种植芝麻、非洲菊等显花植物或在田埂种植大豆，保留排水渠部分杂草，谨慎使用化学农药，创造适宜天敌繁殖的生态条件。

（2）虫害防治　每2 hm²安装1台频振式杀虫灯，诱杀二化螟、稻飞虱等害虫成虫。每1 hm²布置二化螟信息素诱捕器30个。6月上中旬防治水稻二化螟，优先选用生物农药，可选用80亿孢子/mL金龟子绿僵菌CQMa421 60~90 mL/亩、100亿孢子/mL短稳杆菌悬浮剂600~700倍液或8 000 IU/mL苏云金杆菌悬浮剂200~400 mL/亩兑水喷雾。科学选用安全性高的化学杀虫剂，如200 g/L氯虫苯甲酰胺水分散粒剂10 mL/亩，有效控制二化螟危害，降低下一代虫量。加强稻飞虱田间调查，当虫口密度达到800头/百穴时，选用25%噻虫嗪水分散粒剂4~5 g/亩、50%烯啶虫胺水分散粒剂5~10 g/亩兑水喷雾。

　　6. 拔节抽穗期　病害重点防治稻瘟病、稻曲病，达标防治纹枯病。虫害重点防治二化螟，达标防治稻飞虱。

　　（1）虫害防治 8月上旬防治水稻二化螟、稻飞虱，兼治稻水象甲。

　　（2）病害防治 于水稻破口前5~7 d和齐穗期防治水稻稻瘟病、稻曲病、纹枯病，优先选用生物杀菌剂，如200亿芽孢/mL枯草芽孢杆菌可分散油悬浮剂50~60 mL/亩、8%井冈霉素水剂50~100 mL/亩、6%春雷霉素水剂33~40 mL/亩等兑水喷雾。科学选用化学杀菌剂，如40%三环唑悬浮剂40~50 mL/亩、40%稻瘟酰胺·嘧菌酯悬浮剂25~50 mL/亩、30%氟环唑悬浮剂15~20 g/亩或240 g/L噻呋酰胺悬浮剂17~22 g/亩等兑水喷雾（表2-2、表2-3）。

表2-2　天津水稻病虫害防治案例

生育期	防治适期	主要防治对象	防治措施
秧苗期	播前	水稻恶苗病、干尖线虫、立枯病	17%杀螟·乙蒜素可湿性粉剂200~400倍液，防治水稻恶苗病、干尖线虫病；25%甲霜灵可湿性粉剂100~150 g拌种50 kg，预防水稻立枯病
	水稻秧苗3叶1心期	立枯病	立枯病零星发生时，用30%甲霜·噁霉灵1.2~1.8 g/m²兑水喷雾
	水稻移栽前，本田整地后	稻田杂草、越冬害虫	60%丁草胺乳油80~110 mL/亩或38%噁草酮悬浮剂63~84 mL/亩，施药后保持水层，48 h后插秧。30%醚菊酯悬浮剂30 mL/亩兑水喷雾，兼治稻水象甲、稻飞虱等害虫
分蘖期	水稻缓苗后	稻田禾本科杂草、莎草等	30%氰氟草酯可分散油悬浮剂20~25 mL/亩或10%五氟·氰氟草可分散油悬浮剂60~80 mL/亩兑水喷雾
	6月中下旬	二化螟、稻蓟马、稻飞虱	8 000 IU/μL苏云金杆菌200~400 mL/亩；80亿孢子/mL绿僵菌CQMa421可分散油悬浮剂60~90 mL/亩兑水喷雾；100亿孢子/mL短稳杆菌悬浮剂600~700倍液喷雾
拔节抽穗期	8月上旬，破口前5~7 d	稻瘟病、纹枯病、稻曲病、二化螟	20%氯虫苯甲酰胺水分散粒剂10 g/亩+26%稻瘟酰胺·醚菌酯悬浮剂80 mL/亩+30%氟环唑悬浮剂15 mL/亩兑水喷雾
齐穗期	8月下旬	稻瘟病、稻曲病	10%己唑醇悬浮剂5 mL/亩+2%春雷霉素水剂80 mL/亩兑水喷雾

表2-3 稻蟹种养田农药选择

可用农药	20%氯虫苯甲酰胺水分散粒剂、80亿孢子/mL绿僵菌CQMa421可分散油悬浮剂、100亿孢子/mL短稳杆菌悬浮剂、8 000IU/μL苏云金杆菌悬浮剂、240 g/L噻呋酰胺悬浮剂、50%嘧菌酯水分散粒剂、50%烯啶虫胺可溶粒剂、30%肟菌酯悬浮剂、430 g/L戊唑醇悬浮剂、2%春雷霉素水剂、40%苯醚甲环唑悬浮剂（高剂量有毒）、30%苯甲·丙环唑悬浮剂、45%丙环唑水乳剂、0.15%四霉素水剂、75%三环唑可湿性粉剂、5%井冈霉素水剂、200亿芽孢/mL枯草芽孢杆菌可分散油悬浮剂、20亿孢子/g蜡质芽孢杆菌可湿性粉剂、10亿CFU/g解淀粉芽孢杆菌可湿性粉剂等
严禁使用农药	有机磷类、菊酯类、氨基甲酸酯类、稻瘟灵、阿维菌素、吡虫啉、氟环唑、噻嗪酮、甲氧虫酰肼、茚虫威、甲维盐、呋虫胺、苄嘧磺隆、丁草胺、氯吡嘧磺隆、吡嘧磺隆等
谨慎使用	溴氰虫酰胺、噻呋酰胺、25%吡蚜酮等

7. 成熟期 收获完成后，建议实施稻草离田。

（五）稻蟹综合种养水稻病虫害应急防治注意事项

河蟹对化学农药存在不同程度的敏感性，稻蟹综合种养生产中如遇突发水稻病虫害，已知安全农药无法控制而必须选用非常规或未知安全性的农药进行病虫害防控，建议采用以下应急措施进行应对。

1. 应急开展拟用农药对水产动物的急性中毒试验，评价农药的安全性 针对发病稻田中水产动物品种和规格，应急开展拟采用农药对水产动物的急性中毒实验，确定半致死浓度与安全浓度，对农药的安全性进行评价。

2. 估算施药后稻渔种养区水体中最大农药浓度，确定农药高浓度及低浓度水域 分别估算综合种养区的总蓄水量以及植稻浅水区和环沟等深水区的蓄水量，然后依据拟选用农药的有效用药量，估算施药后综合种养区水体中可能达到的农药最高浓度（一般处于水稻本田浅水区），确定高农药浓度及低农药浓度稻田水域。

3. 据上述估算结果，判定是否可以施用拟选用农药

（1）如果估算的种养区水体（浅水区）中农药最高浓度低于水产动物的安全浓度，则可以在全种养区施用拟选农药，用药后密切观察水产动物活动情况，如发现异常，应及时泵新水。

（2）如果估算的种养区水体（浅水区）中农药浓度高于水产动物安全浓度，而环沟等深水区的农药浓度低于安全浓度时，应利用饵料先将水产动物引诱汇聚到深水区躲避药害，或采用一半稻田先用药、剩余一半隔天用药的方法，用药后密切观察水产动物活动情况。如发现异常，应及时泵新水。

（3）如果估算出种养区的浅水区和环沟等深水区的农药浓度均高于水产动物的安全浓度，则必须将种养区中的水产动物转移到与种养区水域隔离的暂养池或其他水域，然后再实施农药喷洒。

（4）如果稻渔综合种养过程中使用过非常规或未知安全性的农药，其渔获物必须经具资质第三方农药检验合格后，方能上市销售。

第三章

稻蟹综合种养技术
——河蟹人工繁育技术

河蟹人工繁育主要采用土池生态育苗，具有成本低，方法简便等优势，除投饵外基本模拟自然状态，虽然水温不易控制，产量受自然环境、天气等影响较大，一般亩产蟹苗40~75 kg，但蟹苗质量较好，适应性强，成活率高。本章重点介绍适宜天津地区的土池生态育苗方式。

第一节　亲蟹的选择与培育

一、场址的选择与基本设施要求

1. **选址**　育苗场选址一般要求海淡水资源丰富、取水方便、水质稳定，水质符合《渔业水质标准》，交通便利；电力配套完善，有动力电，输变电能力能够满足本场负荷要求；要有足够大的面积，能够安排足够用的蓄水池及相应的池塘。

2. **池塘设计**　育苗场主要有海淡水沉淀池、亲蟹池、交配池、越冬池、育苗池，淡化池、饵料培育车间等，同时配备给排水系统、供电系统、充气系统等配套设施。

3. **海淡水沉淀池**　即蓄水池，储水能力应根据育苗场的水源情况、育苗场的实际需要而设计，进水前做好清淤消毒工作。天然地表水和海水需沉降消毒；井水需充分曝气晾晒。蓄水池要专用，不要养殖虾蟹、鱼类等。每年使用过后最好干塘暴晒。

4. **亲蟹池、交配池、越冬池**　一般每个池塘0.13~0.67 hm^2，东西方向，最好为长方形，池深2 m以上，泥沙底为宜，清出淤泥，池内蓄水可达1.5 m左右，堤坝坡比为1∶0.5，进排水方便。亲蟹池、交配池、越冬池中可配备曝气盘结合水车式增氧机进行增氧，纳米管充气盘，每亩8~10个，视天气情况及池中溶氧监测情况开启增氧机。

5. **育苗池**　育苗池面积0.3~0.5 hm^{2}为宜，长方形，清出淤泥，坡比为1∶2，进排水方便。每池配备8~10个纳米管充气盘，均匀放置在育苗池中；池中对角线方向放置1.5 kW水车式增氧机，24 h充气。

6. **淡化池**　淡化池面积以0.03~0.067 hm^{2}为宜，池底及四周铺塑料薄膜，进排水要完善，保证每天可以完成至少一次100%的换水。也可在工厂化车间内进行淡化。淡化池中溶氧要确保在5 mg/L以上，每2 m^{3}要有1个气石。

7. **饵料培育车间**　主要用于培育河蟹幼体阶段的活饵料，如单胞藻、轮虫等，面积10~15 m^2，水深1.2 m，内设进排水管道、充气设施、照明设备等，另配备部分卤虫孵化器。如生物饵料可通过购买稳定地获得，也可不配备饵料培育车间。

二、亲蟹的选择与运输

天津地区每年9月上旬开始挑选后备亲蟹进行集中暂养育肥，后备亲蟹的选择需要注意以下几点。

1. 来源 选择适宜北方地区的河蟹品种（品系），如新品种中华绒螯蟹"光合1号"或本地培育的河蟹，从池塘或稻田等淡水水域捕捞获得，检疫检验合格后作为后备亲本进行饲养。

2. 质量要求 体重——雌蟹体重100 g以上、雄蟹150 g以上为宜，雌雄比例为（2~3）:1，雌雄蟹最好来自不同地方；肢全——附肢齐全，8个步足趾节不能磨损，无外伤；背厚壳硬——个体肥壮，膏满黄肥，性腺发育良好；活泼健壮——两螯八足有力，反应敏捷行动迅速、体质强壮的青壳蟹；洁净——体表及鳃洁净，无附着生物。

3. 亲蟹运输 将选好的亲蟹装入聚乙烯网袋中，每袋放亲蟹10~15 kg，扎紧网口，减少河蟹活动，将网袋装入塑料筐中，避免挤压，勿使附肢及蟹体受伤。尽量就近采购亲蟹，运输时间1~2 h，可选用普通厢式货车运输，长途运输需使亲蟹处于潮湿的环境中，气温保持在3~15℃，运输途中防止日晒、风吹、雨淋。

三、亲蟹培育池准备

1. 池塘清整 培育池需提前进行干塘清整，去除过多淤泥，用750 kg/hm²漂白粉消毒，7 d后加淡水（盐度10以下）1.0 m以上，进出水口设置防逃网，进排水口池底预埋6寸*塑料管，管头外露30~50 cm，便于系过滤网袋和水带。

2. 防逃设施 在亲蟹入池前需作防逃墙，如图3-1，所示防逃墙材料多采用加厚聚乙烯薄膜，幅宽70~80 cm，将薄膜埋入土中10~15 cm，剩余部分高出地面60 cm，其上端用草绳或尼龙绳作内衬，将薄膜裹缚其上，然后每隔40~50 cm用长0.75 m左右的竹竿做桩，将尼龙绳、防逃布拉紧，固定在竹竿上端，接头部位光滑不留缝隙，避开拐角处，拐角处做成弧形，无褶无皱。也可在池埂上用高0.8 m的钙塑板或铝皮埋入土中20 cm压实，用打了螺眼的钢条或木

图3-1 亲蟹培育池及防逃墙

---

* 寸为非法定计量单位，1 寸 ≈ 3.33 cm。

柱作桩，将板打孔固定在桩上，可使用3~4年。

四、亲蟹培育

1. 放养密度　早优选、早培育是提高亲本质量的重要一环。为保证亲蟹顺利同步交配、产卵和越冬，最好将亲蟹雌雄分开，分别放入淡水池塘中培育。通常每亩放养亲蟹200~300 kg。

2. 强化培育　在培育过程中，要抓住投喂、防逃、水质三个关键要点。以贝类、沙蚕等动物性饵料为主，可辅以人工配合饲料。日投喂量按亲蟹总重量的6%~10%，根据摄食、天气、水质等情况灵活调整。水温低于5℃后不再投喂。

3. 养殖管理　主要是做好防逃设施和水质的管理。加强早晚巡逻，注意防逃设施是否损坏，防止亲蟹逃逸；为保持良好的水质，根据水质指标检测结果，一般7~10 d换水1次。

4. 监测亲蟹性腺比例　在亲蟹培育过程中要定期对亲蟹进行性腺比例的测定，关注性腺发育情况，及时刺激交配。性腺比例是指性腺占体重的百分比。将雌性亲蟹的背壳剥离，体内紫色的物质就是雌性亲蟹的主性腺。通过育肥，可将性腺比例由5%提升到10%~16%。

河蟹卵巢发育大致分6个时期：

第Ⅰ期：性腺乳白色，细小，肉眼难辨雌雄。

第Ⅱ期：卵巢呈粉红色或乳白色，较膨大，比第一期增重1倍多，肉眼已能区别雌雄性腺。

第Ⅲ期：卵巢呈紫色或淡黑色，体积增大，肉眼可见细小卵粒。

第Ⅳ期：卵巢呈紫褐色或赤豆沙色，接近或超过肝胰腺重，成熟系数（GSI=性腺重/体重）达4.1%~6.8%，卵粒明显可见。

第Ⅴ期：卵巢呈酱紫色或赤豆沙色，体积增大，充满于头胸甲下。卵巢柔软，卵粒大小均匀，游离松散，成熟系数达8%~18%，卵巢重超过肝胰腺重的2.5倍。

第Ⅵ期：卵巢因过熟而退化，出现黄色或橘黄色退化卵粒，过熟卵可占卵巢的25%~40%。

雄性亲蟹的性腺即为精巢，外形较难区分发育阶段，仅体积逐步增大。

五、日常管理

1. 巡塘　早晚坚持巡塘，观察河蟹摄食情况及时调整投饲量，及时清除残饵，通过巡塘，了解河蟹摄食、活动情况，检查防逃设施，大风暴雨等恶劣天气，更要注意防逃。

2. 清敌害　防止敌害的侵袭，要及时捕捉蟹池中的水老鼠等敌害生物。

3. **监测水质** 定期检测水质，保持溶解氧在5 mg/L以上，pH在7.5~8.5，氨氮含量在0.6 mg/L以下，亚硝酸盐氮含量在0.1 mg/L以下。

4. **维护增氧设施** 检查增氧设备，发现增氧设备有故障或损坏，及时修理，确保蟹池内有充足的溶氧。

第二节　抱卵与排幼

一、池塘准备

亲蟹交配前要将交配池及越冬池准备好，做好清池工作，彻底清除池底淤泥，并对池底进行翻耕、晾晒10 d以上。消毒一般采用漂白粉（750 kg／hm²）全池泼洒，7 d后注水，调整交配池及越冬池盐度为20~25，池内水位能经常保持在1.5~2.5 m，保持稳定，池岸上四周要做好防逃设施。

亲蟹池、交配池、越冬池可交替使用，如亲蟹交配可在亲蟹池中进行，交配完成后移入越冬池；或者交配后的抱卵蟹可直接在交配池中越冬及孵化幼体。

二、配对交配

河蟹能在淡水中交配，但未见到在淡水中产卵现象。在淡水中培育的亲蟹即使交配，没有给予适当的盐水刺激也不会产卵。成熟亲蟹在水温较高的状态下如无适宜条件，雌蟹的卵则过熟退化，可见亲蟹胀死现象。

1. **交配条件** 适宜交配促产时间须根据当地亲蟹培育池水温决定。天津地区在每年10月下旬左右，河蟹性腺发育成熟，水温降到10~12℃时，即可加注海水调整盐度，刺激亲蟹交配。

2. **刺激交配** 交配可在亲蟹培育池中进行，首先将亲蟹培育池中的淡水排出3/4，然后加海水，调整盐度至20~25。也可在交配池中进行，交配池中提前备好盐度20~25的池水。按亲蟹雌雄比3∶1，挑选亲蟹放入池混合暂养自然交配，每亩放蟹200~300 kg。亲蟹交配阶段需保持安静，严禁人为干扰，否则也易导致雌蟹抱卵量少或不抱卵。

3. **抱卵** 亲蟹受到海水刺激，会很快发情交配，交配后第二天就能看见抱卵蟹。5~7 d后，抱卵率可达75%；10 d后，所有雌蟹基本抱卵（图3-2）。挑选体质活泼健壮、无病、无严重伤残、无

图3-2　抱卵亲蟹

死卵、抱卵量多的抱卵蟹小心移入附近越冬池进行越冬及孵化，平均每平米放抱卵蟹2~4只；也可将雄蟹捕出，注入新鲜海水后，抱卵蟹留在池中孵化。

三、抱卵蟹越冬管理

抱卵蟹的饲养过程，实际就是其胚胎发育、幼体孵化的过程。

1. 饲喂管理　越冬前期，水温在5℃以上时可适量投喂优质饵料，如新鲜贝类、沙蚕等动物性饵料，以增加营养，增强抱卵蟹的体质，为越冬打好基础。

2. 水质管理　12月中旬池塘水面结冰前，需100%换水1次，清除死蟹，重新注入盐度25的海水至水深2.5 m。结冰后每天在池塘冰面上打冰眼，利于内外气体交换，同时定时检测水中的溶氧，确保溶氧含量在5 mg/L以上。

四、胚胎发育

天津地区海水池塘冰封期一般从12月初至翌年2月底，待池塘化冻后，水温逐渐上升，胚胎发育加快，此时需要做好饵料、水质管理等工作，确保胚胎正常发育。

（一）加强投饲管理

抱卵蟹体内积累的能量随时间的推移逐渐消耗，而胚胎发育的加快又需要补充足够的营养。春季池塘化冰后待水温升至5℃以上时，要及时足量投喂饵料，饵料以新鲜贝类、沙蚕为主，贝类敲碎，沙蚕可开水烫死后投喂，投喂量以略有剩余为宜，注意要保证饵料的质量，不能投喂腐败变质的饵料。水温升至10℃左右，日投饵量通常为蟹体重的1.5%~2%，随水温的升高，投饵量相应增加，根据河蟹摄食情况，灵活调整投喂量。投喂分2次进行，早晨投饵量占总量的1/3、傍晚投2/3。

（二）加强水质管理

水质管理是抱卵蟹培育中最关键的环节，要使其胚胎发育顺利进行必须保持水质稳定。

1. 换水　越冬池化冰后，100%换水1次，挑出池塘中越冬死亡的亲蟹。定期监测水体中氨氮、亚硝酸盐氮、pH、溶氧等指标，发现异常及时处理，每10~15 d换水1/3左右，

2. 保持水温　保持池水深度在1.5~2.5 m，换水时注意进水与池水温差、盐度差。

3. 保持池水溶氧充足　河蟹胚胎发育中耗氧量较大，水体中保持充足溶氧一方面可加快胚胎发育，另一方面也可增强亲蟹摄食消化能力，提高河蟹活力。池水中溶氧通常以不低于3 mg/L为度，5 mg/L以上为宜，溶氧过低易造成抱卵蟹流产。

（三）适时对抱卵蟹进行检查

抱卵情况较好的雌蟹，卵块超出腹脐或达腹脐边缘，橘瓣状，初为酱紫色，颜色鲜亮，越冬后随水温升高逐渐变为豆沙色，之后色泽逐渐变淡，在快出膜时卵转为灰白色。注意出现眼点时间，加强观察，出现心跳后，每天早晚各记录一次心跳次数。平均心跳达到150次/min以上时，安排吊笼。

五、育苗池准备

育苗池清塘，去除过多的淤泥并曝晒池底，注入经沉淀、过滤（采用40目筛绢过滤）的清洁海水，水深1.5 m以上，布置好增氧设施（图3-3）。用750 kg/hm²漂白粉消毒，时间要比吊笼时期提前20 d以上，避免药残对亲蟹产生刺激导致流产。

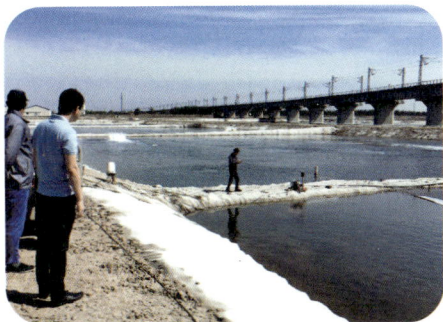

图3-3 河蟹育苗池

六、吊笼排幼

1. 布苗方法 每日检查抱卵蟹胚胎发育情况。当腹部所怀卵粒绝大部分透明，胚胎出现眼点和心脏跳动，表明胚体已发育至原溞状幼体阶段。直观蟹卵呈灰白色、镜检胚胎心跳150次/min时，将胚胎发育一致的亲蟹装笼，消毒30 min，以杀灭各类致病菌、纤毛虫等（图3-4）。之后连蟹笼一起挂入海水育苗池中排幼（图3-5），每公顷池塘排幼用亲蟹数量为1 500~1 800只。随时检查亲蟹排幼数量，达到数量立即移走亲蟹。

图3-4 亲蟹吊笼前清洗消毒

2. 布苗密度 土池育苗视池塘水质、饵料及管理情况等布放Ⅰ期溞状幼体的密度有所不同。以每亩（1.5 m水深）布放1 000万~2 000万个Ⅰ期幼体为宜，一般不超过3 000万个。幼体太多，饵料及营养可能供应不上，在变态时易被淘汰，或大量幼体堆积在一角因缺氧

图3-5 亲蟹吊笼排幼

造成大批死亡。幼体放得太少，产量不高，经济效益不佳。

3. 幼体密度测量 用一定体积的小烧杯，舀取水样，数出其中幼体个数，计算出每毫升的幼体数，乘以100万，得出每立方米的幼体个数，即为布苗密度（图3-6）。采样时应选取不同位置、不同水层的6个点计算后，求其平均值。

图3-6 烧杯打样测量幼体密度

七、抱卵蟹流产及死亡的原因和防治

（一）抱卵蟹流产的原因

一是所抱的卵因环境条件不适或性腺过熟而未成功受精，卵粒腐烂并脱落；二是成功受精的受精卵流产。流产的主要原因是：

1. 抱卵蟹孵化的盐度过低 交配池及越冬池盐度过低，受精卵不易黏附在刚毛上而流产。

2. 孵化水质差 抱卵蟹如长期生活在缺氧或底质严重污染的环境中，其胚胎会陆续死亡而流产。

3. 亲蟹体质差 雌蟹虽交配产卵、抱卵，但孵化过程中，因体质差，抱卵量少，卵的黏性弱，外界环境稍有变化，抱卵蟹所抱的卵便会大量脱落而流产。凡是流产的卵，都为黄色或橘黄色，卵粒大小不均匀、不饱满。经显微镜检查，都为死卵，不能发育成幼体。

4. 抱卵蟹运输不当 如从外地购买或者交配池离越冬池较远，需长时间运输，抱卵蟹离水时间过长，容易引起胚胎失水、掉卵。另外，处于饥饿状态下的抱卵蟹也会蚕食卵块。

（二）抱卵蟹流产的预防措施

1. 亲本选育 按照种质标准选择体质强健的亲本，雌雄分养，多投动物性饵料进行营养强化，确保河蟹体质健壮。

2. 交配环境 交配池底必须配有一定厚度的泥沙。雌蟹抱卵后，及时剔除雄蟹，防止雄蟹干扰抱卵蟹。此外，在雌蟹产卵时交配池必须保持安静，防止雌蟹因外界干扰而产生应激反应。

3. 养殖管理 抱卵期间，水温在5℃以上时，必须增加营养，适量投喂鲜活的饵料。水体要保持清新，如水质较差，应及时换水。

4. 捕捞操作 抱卵蟹捕捞操作时，动作要轻快，防止蟹体损伤、步足脱落。

(三) 抱卵蟹死亡的原因

1. 机械损伤 交配产卵阶段，人工操作不当或雄蟹发情时，其大螯钳住雌蟹螯足，造成雌蟹断肢，影响抱卵蟹正常觅食，导致死亡。

2. 亲本质量不佳 亲本未经强化培育或直接从市场上购买商品蟹进行人工促产，雌蟹体质瘦弱，当胚胎发育到心跳期后，耗氧量明显增大，雌蟹需撑开八足，抬高体位，有规律地扇动脐部，形成水流，使刚毛上附着的卵能获得氧气。因此，雌蟹此时要消耗大量的营养，如抱卵蟹体质瘦弱，往往在孵化后期大批死亡。

3. 越冬池水质较差 抱卵蟹养殖池水质较差，溶氧条件差，缺氧死亡，或胚胎寄生大量纤毛虫（如聚缩虫等）引起胚胎大批死亡，雌蟹死亡。

4. 其他 抱卵蟹缺乏优质适口饵料，因营养缺乏而逐步死亡，或遭遇温度突变，胚胎先死亡，继而抱卵蟹死亡。

(四) 抱卵蟹死亡的预防

1. 严格按标准选育亲本 早选种、早培育、强营养。

2. 产卵交配后，及时剔除雄蟹 防止雄蟹干扰抱卵蟹。

3. 保持抱卵蟹养殖水质优良 及时换水，保持溶氧充足，保持水位、水温、盐度和pH的稳定。

4. 饵料要求 投饲的饵料要优质、适量、适口。

第三节 幼体培育与淡化

幼体培育是指幼体破膜至大眼幼体出池阶段，持续时间与气温密切相关，天津地区土池自然条件下约需30 d，其培育的关键因素有投饵、温度、水质、防病等。

一、生物饵料培养

天津，东临渤海、地处海河下游，河海交汇处，素有"九河下梢""河海要冲"之称，海淡水资源丰富，渤海湾沿岸有着广阔滩涂和丰富的饵料生物，为水产苗种的繁育提供了便利的条件。在河蟹土池育苗中，所需饵料主要为单细胞藻、轮虫、卤虫，其中轮虫的使用量最大，轮虫一般依赖自然捕捞或人工培养。如自培养生物饵料，饵料池面积应为育苗池的2倍以上。但随着水产养殖行业分工的精细化，水产育苗各个阶段皆有社会化团队进行专职服务，如已有专业从事单细胞藻、轮虫、卤虫等生物饵料繁育的人员，在苗种繁育季节，按需提供鲜活生物饵料或藻粉等。育苗场只需直接购买即可，省去生物饵料培养的池塘及投入品等成本。本章仅简要介绍单胞藻、轮虫、卤虫的培养。

（一）单胞藻的培养

单细胞藻可以直接购买使用商品化藻粉，也可自行培养。生产上培养的单胞藻主要为三角褐指藻（*Phaeodactylum tricornutum*）、牟氏角毛藻（*Chaetoceros muelleri*）、亚心形扁藻（*Platymonas subcordiformis*）、小球藻（*Chlorella vulgaris*）等，实际应用中多为二级培养至三级培养，通常在日光温室内的小型水泥池或白色塑料桶中进行，也可用运鱼苗的透明塑料袋代替，将一级培养的藻种按照一定比例转接入二级培养液中，见图3-7、图3-8。藻类培养池面积9~15 m²，池深50 cm，池底及内壁镶有白瓷砖。每种藻最佳培养条件有所差别，如三角褐指藻最适盐度为25~32，最适温度为10~20℃，最适光强为3 000~5 000 lx，最适pH为7.5~8.5；牟氏角毛藻最适盐度为22~26，最适温度为25~35℃，最适光强为3 000~6 000 lx，最适pH为8.0~8.9。根据所培养的藻种，提供最佳培养条件。为防止杂藻污染，水中要保持一定数量的单胞藻优势。

图3-7　单胞藻一级培养

单胞藻培育程序如下。

1. 消毒　培育池和工具清洗后，将所有的培育池加入过滤海水。用20 mg/L浓度的漂白粉消毒后备用，5 d后可接种藻种（如要提前使用，可加硫代硫酸钠除去水中余氯）。

图3-8　单胞藻二级培养

2. 进水　为提高藻种浓度，初次进水约10 cm，以后随着藻液浓度增加，采用分期进水的方法促进藻类生长。

3. 施肥　注水后，立即施用化肥。化肥的浓度以适中的N（氮）=30~50 mg/L为标准，按照N（氮）:P（磷）:Si（硅）:Fe（铁）=1:0.1:0.05:0.01的比例配制。一般每天早晨添加新水，随即同步施肥。

4. 接种　接种的藻种一般需保持较高的浓度。如三角褐指藻为100万个/mL，

牟氏角毛藻为50万个/mL，亚心形扁藻为10万个/mL，小球藻为100万个/mL。

5. **管理** 日常管理要做到"四勤"，即勤检查、勤搅拌、勤施肥和勤清理。搅拌可防止表层产生藻膜，并使下层藻体上浮，以获得充分的光照。因此，每天至少应搅拌7~8次。如采用充气装置，可使藻体分布均匀，以充分利用CO_2和光照，促进生长繁殖。

6. **三级培养** 为给河蟹溞状幼体提供大量适口饵料，需在育苗池中进行三级培养，一般在河蟹溞状幼体放散前7~10 d，开始将二级培育池的藻种移入河蟹育苗池中培养（图3-9），操作方法同二级培养，北方地区春季气温较低，三级培养也可在室内进行（图3-10）。藻液接种比例为1：（3~5），并连续24 h充气。每天视天气情况，确定加水、追肥数量。通常经7 d培养，藻体浓度可达到河蟹溞状幼体放养要求。

图3-9 单胞藻转入育苗池中培养

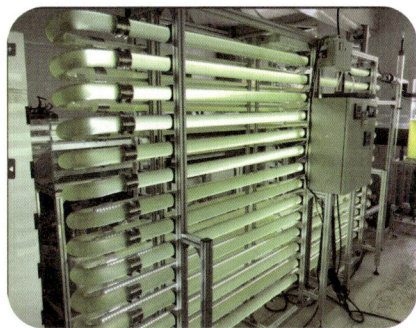

图3-10 室内玻璃钢圆柱形培养系统进行单胞藻三级培养

（二）轮虫的培养

生产上应用最广泛的轮虫就是褶皱臂尾轮虫（*Brachionus plicatilis*），一种小型多细胞浮游生物，见图3-11，行动速度慢，营养丰富，大小适合，是鱼虾蟹类人工育苗中优良的动物性饵料。

1. **生态要求** 褶皱臂尾轮虫繁育的最适水温为25~35℃，能在2~50的盐度范围内生长繁殖，但适宜繁育盐度为10~30，其中以盐度15~25为佳，最适pH为7.5~8.5；轮虫耐低氧能力较强，但一般溶氧应保持在1.5 mg/L以上；非离子氨对轮虫毒性较高，是影响褶皱臂尾轮虫增长的限制因素，在轮虫培养过程中，非离子氨的浓度不宜超过1 mg/L；轮虫繁殖的适宜光照为4 400~10 000 lx。

2. **收集轮虫休眠卵** 轮虫休眠卵可直接购买，也可于秋冬季节在老养鱼池的底泥中采集，用机械或铁链拉拽搅动底泥，可使休眠卵上浮水面，形成一层微红色的卵浮膜，可与底泥一同放入冰柜中保存。也可在室内高密度培养（>1×10^5个/L）时，改变其生活条件，如温度突变、食物种类改变和数量补

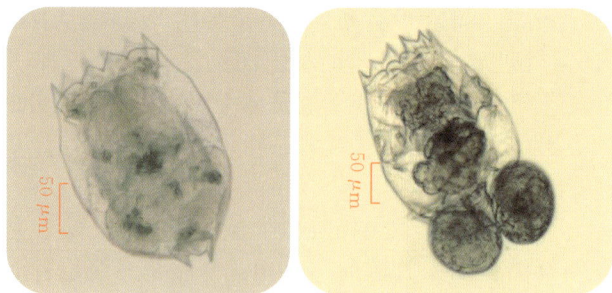

图3-11　褶皱臂尾轮虫（*Brachionus plicatilis*）

充不足等，可获得大量纯度极高的休眠卵，稍加阴干，装瓶蜡封，放入冰柜保存（低于5℃），可保存1~2年之久，这是室内集约化培养轮虫的重要采"种"方式。

3. 轮虫孵化　孵化时将休眠卵置于150~200目的筛绢过滤后的海水中，调整水温25~30℃、盐度20最为合适，经常搅拌能促进孵化，通常7 d左右，即可孵出轮虫幼体。

4. 大棚培养轮虫　自然界轮虫大量萌发的时间与布苗时间相接近，为了保证生产的顺利进行，在早春化冻以后，可在车间内利用水泥池或孵化桶大量培育轮虫（图3-12），也可利用普通塑料大棚培养轮虫，提前使轮虫达到高峰，供应生产。

图3-12　室内车间培育轮虫

轮虫具体操作如下。

（1）布卵　将轮虫休眠卵移入大棚底泥，卵量一般要求达到500万个/m²，才能保证轮虫的繁殖速度。

（2）注水　放入休眠卵后，注入提前用漂白粉消毒并经200目的筛绢过滤后的海水，以防止鱼卵、小虾及桡足类等敌害的进入；进水不要太深，以50 cm左右为宜，一方面能保证大棚内的水温较高，另一方面，有加藻种的空间。

（3）培养小球藻　在开始进水时同步在大棚附近选敞池进行小球藻的培养。当轮虫开始萌发，密度达到每升几百个时，开始向大棚内少量加入小球藻，注意量不能大，接种后大棚中小球藻的密度控制在10万个/L以内。如果小球藻量大，等不到轮虫大量萌发，小球藻就大量繁殖起来，会抑制轮虫的繁殖。如果是3月底进水，大棚轮虫经过15~20 d培养可达1万个/L以上。在培养过程中，如果水中小球藻缺乏，应及时从敞池中补入小球藻水。

（4）收获　当大棚中水位已加到不能再加，轮虫密度达2万个/L以上时，开始抽滤向外接种。抽滤时一般采用弃水抽滤，管头放入大棚外的敞池中，用200目做成的筛绢网收集（图3-13），抽出量用大棚中轮虫的剩余量来控制，大棚中轮虫的剩余量达到满水位时1万个/L为好，抽滤完毕后，加入小球藻水，继续培养轮虫。收集的轮虫可直接用于投喂河蟹幼体。也可直接采购鲜活轮虫（图3-14）。

图3-13　收获室外池塘培育的轮虫

图3-14　采购的鲜活轮虫

（三）卤虫的培养

卤虫又称盐水丰年虫，属于节肢动物门甲壳纲鳃足亚纲无甲目盐水丰年虫科，幼体适盐范围在20~100，成体适盐范围在10~120。卤虫成体适应温度范围在15~35℃，最适温度为25℃。

1. 孵化的生态要求　卤虫孵化的适温范围在15~35℃，最适温度为25~30℃，可孵化盐度为5~140，最适孵化盐度为28~35，不同产地及品系的卤虫卵最适孵化盐度有所差异。卤虫孵化最适pH 7.8~9.0，溶解氧不低于1 mg/L，水表面连续光照2 000 lx。

2. 卤虫卵的采购　可直接采购，目前商品化的卤虫卵已经成为海水育苗场必备的幼体活饵来源，市场上有大量不同品牌的卤虫卵供应，也有各种不同质量卤虫卵供应。采购时肉眼观察，质量好的卵颗粒大小均匀、颜色一致，无杂质。镜检发现空壳少、有凹陷的均为好卵（图3-15）。

图3-15　优质卤虫卵

3. 孵化

（1）孵化设施　推荐采用卤虫孵化器进行孵化。卤虫孵化器为圆桶状，底部呈漏斗形，并设有排水口，材质为玻璃钢或硬塑料，见图3-16。

（2）孵化前准备　孵化前将孵化器消毒，注入经80目筛绢过滤的海水，孵化器底部安置气石，连续充气。

（3）卤虫卵清洗消毒　一般粗加工卤虫卵产品往往含有较多的杂质，须先清洗。将卤虫卵装入150目筛绢袋中，在

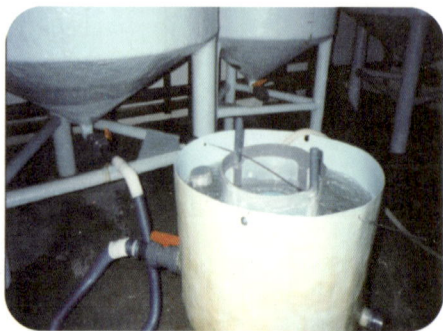

图3-16　卤虫孵化设施

自来水中充分搓洗，直至搓洗的水较为澄清，然后将卤虫卵在洁净的淡水中浸泡

1h。为了防止卤虫卵壳表面黏附的细菌、纤毛虫及其他有害生物在卤虫孵化中恢复生长、繁殖，并在投喂时随卤虫无节幼体进入育苗池，最好将浸泡后的卤虫卵用200 mg/kg的有效氯浸泡30 min消毒，再用海水冲洗至无味。

（4）放卵　当水质达到孵化要求时，按每升水体放入3 g卤虫卵，控制好温度、光照、溶氧、pH，24 h卤虫卵就可以孵化出无节幼体。

（5）采收　一般从卵入水24 h后即可采收，使用静置和光诱相结合的方法。先将孵化器顶端蒙上黑布，10 min后可见卵壳漂浮在水的表层。缓慢打开出水阀门，先放掉未孵化的卵；然后在出水口套上120目的筛绢网袋，收集无节幼体；当容器中液面降到锥形底部，取走筛绢网袋，将卵壳排掉；将筛绢袋中的无节幼体转移到装有干净海水的玻璃水槽中，利用无节幼体的趋光性，进一步做光诱分离，得到较为纯净的卤虫无节幼体（图3-17），根据投饲需要，也可继续培育卤虫至成体（图3-18）。操作过程中需向孵化器中添加增氧剂，以防无节幼体密度过大缺氧死亡。

图3-17　卤虫无节幼体

图3-18　卤虫成体

二、幼体培育

（一）饵料投喂

饵料是河蟹幼体能否顺利变态发育的关键。不同时期的幼体对饵料的要求也不尽相同，不同时期的河蟹形态见图3-19。因此，根据幼体的习性，合理调整饵料投喂是河蟹育苗成功的关键。

1. 饵料需求　河蟹幼体期间的饵料是多种多样的，天然藻类饵料主要为单胞藻，作为河蟹育苗时的基础饵料是不能替代的，动物性饵料为轮虫、卤虫幼体、卤虫成体等。第一阶段以单胞藻为基础饵料，补充投喂轮虫，第二至五阶段以投喂轮虫为主，第二阶段适当补充投喂卤虫无节幼体；大眼幼体投喂轮虫、卤虫成体。根据摄食情况，适当投喂人工配合饲料。

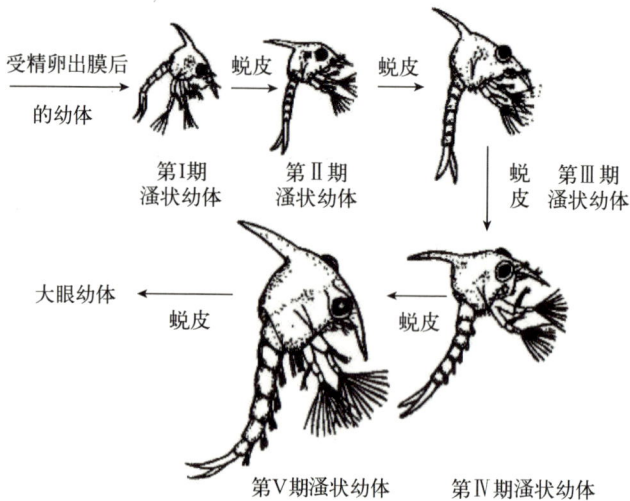

图3-19　河蟹各期溞状幼体形态（王武、李应森，2010）

2. 投饲策略　投饵时饵料应少量多次，每天饲料至少分2次投喂，要根据幼体数量、摄食情况变化而增减，特别是投喂商品饲料，防止投喂过多而引起水质恶化。平时勤观察，特别要注意池中残饵，并结合显微镜检查幼体肠道食物的充塞度。外购的卤虫、轮虫等要用海水冲洗干净后，用20 mg/L的高锰酸钾溶液充气浸泡10~15 min，消毒后投喂。按照河蟹幼体的发育生物学和生态特点，生产上将土池育苗分为4个阶段，按各阶段所需饵料要求进行投喂。

（1）第一阶段——Ⅰ期溞状幼体（Z1）　抱卵蟹排幼后，刚从蟹卵中孵出脱离母体的幼体，外形像水溞，称为溞状幼体，用Z表示。溞状幼体分为头胸部和腹部两部分，头胸部近球形，具1对背刺、1额刺和2枚侧刺；1对复眼、2对触角；1对大颚，2对小颚和2对颚足。腹部狭长，共6节或7节，即为Z1阶段。此时幼体刚出膜，营养主要靠卵黄提供，身体。幼体颚足外肢末端的羽状刚毛数为4根，尾叉内侧缘的刚毛数为3对。Z1幼体3~4 h后就可以自己捕食，应及时补充可口的开口饵料，以单胞藻和轮虫为主，对提高Z1到Z2的变态率有重要作用，可辅以虾片、酵母等。一般投喂经验值藻粉300 g/亩，轮虫2.5 kg/亩，分两次投喂。投喂虾片、藻粉、酵母投喂时用80目的网袋揉搓后再进行投喂，投喂点在池塘的上风口。

（2）第二阶段——溞状幼体Ⅱ~Ⅳ期　此阶段主要摄食轮虫等浮游动物，此时幼体颚足外肢末端的羽状刚毛数为6根，尾叉内侧缘的刚毛数为3对。

①Ⅱ期溞状幼体（Z2）：进入Z2期的幼体食性开始变化，由摄食浮游植物向摄食浮游动物过渡，此时需增加轮虫投喂量至5 kg/（亩·d），辅以代用饵料虾片、藻粉、酵母等。每天投喂3次，时间为8：00、18：00、23：00。

②Ⅲ期溞状幼体（Z3）：Z3幼体逐渐变大，摄食更偏重于浮游动物，颚足外肢末端的羽状刚毛数为8根，尾叉内侧缘的刚毛数为4对。主要投喂轮虫，每日早晚各投喂1次，投喂量为10 kg/（亩·d）；辅以代用饵料虾片、藻粉、酵母等，分3次投喂，时间为8：00、18：00、23：00。

③Ⅳ期溞状幼体（Z4）：Z4期幼体更大，摄食量更大，并更偏重于浮游动物，颚足外肢末端的羽状刚毛数增到10根，尾叉内侧缘的刚毛数也为4对。主要投喂轮虫，早晚各投喂1次，平均20 kg/（亩·d）；辅以代用饵料虾片、藻粉、酵母等，分3次投喂，时间为8：00、18：00、23：00。

（3）第三阶段——Ⅴ期溞状幼体（Z5） Z5是河蟹育苗最关键的时期，其颚足外肢末端的羽状刚毛数增至12根，尾叉内侧缘的刚毛数增至5对。轮虫投喂量提高到40~50 kg/（亩·d）；Z5第三天开始加投卤幼5 kg/（亩·d），一直到全部变成大眼幼体为止。

（4）第四阶段——大眼幼体期（M） 此时大眼幼体期的蟹苗已较为稳定（图3-20、图3-21），体形扁平，体长42 mm左右。1对复眼着生于伸长的眼柄末端，露出窝外。胸足5对，第一对为发达的螯足，第二至第五对为4对步足。腹部狭长，共7节，尾叉消失。腹肢5对，第一至第四对为强大的桨状游泳肢，第五对较小，贴附在尾节下面，称尾肢。大眼幼体有极强的游泳和爬行能力，性凶猛，能主动捕食浮游动物，对淡水敏感，有趋淡水性。此时每天投喂轮虫30~40 kg/（亩·d），卤虫成虫3~5 kg/亩，分两次投喂，直至开始淡化。此阶段持续6~10 d。

图3-20 河蟹大眼幼体形态（王武，李应森，2010）

图3-21 河蟹大眼幼体

（二）日常管理

1. 水温管理 水温是幼体正常变态生长的重要条件之一，与发育速度、成活率密切相关。在适温范围内，随着水温的升高，幼体发育随之加快。水温过低，低于18℃，幼体变态时间延长，且易感染疾病；水温过高，如高于26℃，又影响幼体质量，成活率低。因此，每天测量水温情况，以便对幼体的变态作出准确的预测，及时合理调整投饵、水质等情况。

2. 发育时间　河蟹幼体的发育时间与温度密切相关，一般Z1到Z2，水温13~16℃，变态时间6 d；Z2到Z3，水温14~16℃，变态时间5 d；Z3到Z4，14~16℃，变态时间5 d；Z4到Z5，水温14~16℃，变态时间5 d。Z5变态到M，水温16~19℃，变态时间6 d。

3. 盐度管理　幼体对盐度的适应范围很广，在8~33范围内均可变态发育。在人工育苗中，为促进其变态发育缩短发育时间，一般将盐度控制在20~25。育苗期间盐度要保持稳定，上下浮动不超过4。

4. 水质管理　管理好水质是搞好河蟹育苗的基础，主要采用监测水化学指标、配备增氧设施、加注新水、使用微生态制剂等方式综合控制，具体管理方法如下。

（1）水化学指标监测　跟踪检测水体 pH、氨氮、亚硝酸盐氮、溶解氧等水化学指标，每天1次。水中的氨氮、亚硝酸盐氮对幼体的发育影响极大。据测定，当水中氨氮超过2.5 mg/L，溞状幼体的蜕壳就受到抑制。因此必须将育苗池水体的氨氮控制在1.5 mg/L以下，亚硝酸盐氮控制在0.5 mg/L以下。

（2）加注新水　幼体发育到Z5和大眼幼体期，随着饵料投喂量增加、粪便代谢物增多，池塘水质变化较大，每天加淡水5~10 cm。

（3）使用微生态制剂　微生态制剂改善育苗水质，效果极为明显。吊笼前育苗池泼洒商品光合细菌、硝化细菌等微生态制剂，育苗期间根据水化学指标，适当使用微生态制剂改善水质。

5. 病害防治　病害防治要以预防为主，吊笼前抱卵蟹消毒30 min，育苗过程中，确保水质和工具清洁。勤取样，多镜检，早发现，早治疗。并结合调节水质、合理投喂等措施，预防幼体病害的发生。

三、大眼幼体淡化

1. 淡化时间　淡化前首先检查淡水各种理化指标是否正常，水质不适合要进行合理的处理。在大眼幼体完成变态第 3~4 d后开始淡化。通常的判断方法为：用手取出一把蟹苗攥成一团，松开手掌后若能迅速散开则证明幼体发育良好，可以淡化，否则要继续在育苗池培养一段时间。

2. 收集大眼幼体　当大眼幼体达到淡化条件后，利用幼体的趋光性原理，采用灯光进行诱捕。21：00在池塘下风口的两个角上，各放置一盏灯引诱大眼幼体，见图3-22。一段时间后，大眼幼体达到一定数量开始捕捞。用20目的抄网捕捞，然后放入盆内（盆内附有20目的筛绢网）控干后称重，放入淡化池中。

图3-22 灯光诱捕河蟹大眼幼体

3. 大眼幼体淡化 幼体淡化在工厂化车间淡化池中进行（图3-23），每立方米可淡化蟹苗0.75~1 kg。采用逐步降盐的方法，每天盐度降低幅度不超过5，淡化至第5天，把盐度降至3以下。

4. 淡化期投喂管理 淡化期的幼体摄食量很大，消化很快，所以要经常投喂，可选择投喂卤虫成虫，每2 h投喂1次，少量多次，每天投喂量为大眼幼体

图3-23 大眼幼体进车间淡化

体重的100%。要经常查看，根据摄食情况适当调整投喂量。

5. 淡化期水质管理 由于是室外池育苗，淡化池的水温基本与育苗池一样，不用调整。淡化池盐度与育苗池差小于5，每天换水2次，逐渐加入淡水进行淡化，每天降低盐度幅度不超过5，多次进行调节直至降至3以下达到目标值。淡化池由于密度过高，需24 h充气。同时，由于投饵量较大，排泄物较多，每天用试剂盒检测水质，严格控制氨氮、亚硝酸盐氮的浓度。

四、蟹苗捕捞出售及运输

淡化到盐度3以下，开始出售。出售前4 h停食。首先淡化池停气，10 min后用20目的拉网沿池边收集大眼幼体，控干后称重，放入蟹苗运输箱，装车运到蟹种培育点。

蟹苗捕捞的工具一般使用塑料窗纱或聚乙烯筛绢制成的手拉网和手推网。蟹苗有趋光性，夜间捕捞配备灯光，可大幅度提高捕捞速度。

蟹苗运输采用蟹苗专用箱干法运输（图3-24），现捞、现收、现称、现运，尽量利用夜晚气温较低时间进行运输，运输过程中不能淋水，避免日晒雨淋，避免受热，于阴凉处放置。

图3-24　采用蟹苗专用箱干法运输

第四章

稻蟹综合种养技术——种养的前期准备

第一节　稻田选择及工程

一、稻田选择

养河蟹的稻田，应选择水源充足，水质良好，进、排水方便，周围无污染源的单季稻田。稻田保水性好，雨季不淹，旱季不旱。选择连片的农田，面积以2~3.3 hm²为一个单元为宜。田块周围向阳开阔，无树木遮蔽。同时稻田所处地点交通便利，便于河蟹苗种运输和成蟹销售（图4-1）。

图4-1　养殖河蟹的稻田

二、田埂田面改造

1. 田埂改造　养殖河蟹的稻田田埂需要加高、加宽，为河蟹营造舒适的生存环境。沿稻田田埂内侧四周挖土，加高、加宽田埂，田埂高50~70 cm，顶宽50~60 cm、底宽80~100 cm，内坡比1:1。田埂要分层夯实，以免造成漏水逃蟹。

2. 田面改造　稻田环沟可为河蟹提供良好的生长环境，根据北方地区稻田的特点，可以利用现有进排水渠、周围渗渠等进行疏浚后作为河蟹养殖所需沟坑使用。如无法利用原有沟渠、确需开挖环沟，一般沿田埂内侧0.6~1.0 m处挖环沟，沟宽0.8~1.0 m，沟深0.8~1.0 m，坡比为1:（1~2）。原有渠、沟加上新开挖沟坑不超过稻田总面积的10%（图4-2）。

图4-2　河蟹稻田田面改造

三、环沟消毒

环沟挖好后，要进行消毒和清除病害。使用含氯石灰消毒，先将含氯石灰加水溶解后再全池泼洒，用量750~1 120 kg/hm²。投放蟹种前一周，采用茶粕杀灭稻田环沟内野杂鱼，具体操作：将茶粕捣碎，放在缸内浸泡，隔日取出，连渣带水泼入塘内，水深1 m，用量平均每公顷用600~750 kg。

四、设置暂养池

暂养池主要用来暂养蟹种和商品蟹育肥、集散。可利用田头自然沟、塘、稻田经整理后作暂养池（图4-3、图4-4）；也可利用稻田的进排水渠道改造成暂养池。暂养池设立深水区和浅水区，深水区占暂养池面积的2/3或3/4，其余为浅水区。深水区水深1~1.5 m，浅水区水深0.3~0.5 m，周围设置防逃网。

图4-3　边沟暂养池　　　　　　　　　　图4-4　稻田暂养池

五、进排水

养河蟹稻田应有独立的进排水系统，进排水口应设在稻田对角或相对侧田埂上，用双层网布包好，网目以河蟹苗种不能外逃确定，能防逃但不阻水。进排水管选用PVC材料，管径25~30 cm，铺设时进水管下壁与稻田地面高度相平或略高，排水管上壁与稻田地面高度相平，一般相差一个管径的高度。管口周围田埂夯实、不留缝隙，防止进排水时河蟹外逃。

六、防逃

河蟹视觉、嗅觉和触觉灵敏，能对外界环境迅速反应。其有1对复眼，可直立也可横卧，因此视野开阔。河蟹对外界气味的变化十分敏感。除此之外，河蟹的口器上还有感觉毛和刚毛，能够灵敏感觉外界，借此在夜间觅食和逃避敌害。河蟹的攀爬能力也很强，特别是在蟹苗和仔蟹阶段，身体轻，因此在小水体养殖时，需要设置良好的防逃设施，并且要保持优良的养殖环境，提供优质充分的饵料，防止河蟹逃逸。

生产中防逃设施主要包括防逃墙和进排水管口套装滤网。通常在稻田四周搭建防逃墙，目前常用的防逃墙采用塑料薄膜（图4-5）和聚乙烯复合材料防逃膜（图4-6）。防逃墙上部高出地面50~60 cm，埋入地下10 cm，外侧用长75 cm左右的竹竿或木桩固定，间隔50~80 cm。防逃墙拐角处做成弧形，无褶无皱，接头处光滑不留缝隙。塑料薄膜造价低廉，但容易损坏、老化，一般只能使用1~2年。聚乙烯复合材料防逃网的搭建方法同上，固定间隔可适当加宽到1 m。聚乙烯复合材料防逃网防晒、耐寒、抗老化，耐腐蚀，−20℃不变硬、不缩短。上方PE膜表面光滑，方便质轻、不沾泥水，防逃性特别好，一般能使用4~5年。

图4-5　塑料薄膜防逃墙

图4-6　聚乙烯复合材料防逃网

第二节　种草植螺

一、水生植物栽培与养护

河蟹喜欢生活在环境安静、水草丛生、水质清新、溶氧丰富的水体中，其中水草种植的好坏与河蟹养殖密切相关。多年来，池塘养殖河蟹的生产经验表明，大眼幼体培育至仔蟹阶段，在10~30 cm的浅水条件下，蟹苗育成Ⅲ期仔蟹的成活率高，且河蟹蜕壳也需要在浅水环境才能顺利完成。但是另一方面，浅水蜕壳容易受到紫外线杀伤，因此，种植或投放水生植物作为遮蔽物或附着物，才能提高其成活率。

（一）水草种类

稻蟹种养模式下，主要是利用稻田自然生态环境，水稻种植生长期内需要清除田间杂草，而水草种植主要是向稻田沟渠里移栽那些适合河蟹生长摄食的净水、营养性的水生植物。

河蟹暂养池种植水草多以沉水植物和挺水植物为主，比较适合天津地区栽种的水生植物常见种类有沉水植物如伊乐藻、轮叶黑藻、苦草、菹草、金鱼藻等；挺水植物如芦苇、蒲草等。浮水性植物为辅，如荇菜、凤眼莲、浮萍等。

（二）移栽时间及布局

环沟和暂养池加水消毒后，在插秧前1~2个月，移栽水草，为河蟹提供植物性饵料和隐蔽场所。深水区以栽植沉水植物和浮水性植物为宜，浅水区以栽植挺水性植物为宜，水草种植应多样化，不宜单一。水草面积占水面的30%~60%，最高覆盖率一般不宜超过70%，最低覆盖率不低于20%。种植密度过低，不利于发挥水草的作用；种植密度过高，池水无法流动，容易造成局部缺氧。高温季节，水草过多时及时割除，防止坏水，水草不足时及时补充。如果暂养池中没有水草，可放置一些苇帘，苇帘设置面积占暂养池面积的1/3（图4-7）。

图4-7 水草移栽

（三）种（栽）植方法及管理

1. 伊乐藻 伊乐藻是我国南方地区河蟹养殖区主栽水草，它具有适应环境能力强、种植简便、单位面积产量高、可食性好等特性，也耐低温，可在北方地区种植（图4-8）。

（1）种植方法 伊乐藻可以在5月种植，一般采取扦插法和撒播法，需伊乐藻种株150~225 kg/hm^2。

①扦插法。类似水稻人工插秧，将伊乐藻种株切成10~15 cm长的小段，5~10株为一束，插入淤泥中，入泥深度3~5 cm。可采用单行或双行栽插，单行

图4-8 伊乐藻

栽插时，株距控制在10~15 cm，行距控制5~8 m；采用双行栽插法时，株距控制在10~15 cm，小行距控制在20~25 cm，大行距控制在5~8 m。

②撒播法。首先将伊乐藻的茎干切割成长10~15 cm的播穗，抽干池水后，立即进行播撒；随后，用笤帚轻拍伊乐藻播穗，使其浅埋于泥浆中，经过10~20 h沉淀，泥浆基本凝固后，注入深5 cm左右的浅水即可。撒播时，不可整田均匀播撒，要呈条带状播撒，条带宽度控制在30 cm以下，条带之间的间距5~8 m；条带中的播穗要尽可能分布均匀，不可堆积在一起。

（2）日常管理 栽插初期由于气温较低水位宜浅，让伊乐藻充足光照，有利于促进水草生根发芽，种完后上水至40 cm左右，随后根据伊乐藻生长情况，逐步加深水位。伊乐藻属于养殖前期草，高温季节休眠，对水体要求很高，尽量控制肥度，保持水体清爽，伊乐藻太过丰茂需要割除，不然易造成水体缺氧。

2. 轮叶黑藻 轮叶黑藻属水鳖科黑藻属单子叶多年生沉水植物，茎直立细

长，长50~80 cm，叶4~8片轮生，通常以4~6片为多，长1.5 cm左右，广泛分布于池塘，湖泊和沟渠中（图4-9）。可采用芽苞种植、营养体繁殖和整株移植。

图4-9 轮叶黑藻

（1）种植方法

①芽苞种植。一般来说芽苞集中在2月底至3月初，可在冬季与伊乐藻同时进行。选择晴天播种，播种前池水加注新水10 cm，播种时应按行、株距50 cm，将芽苞3~5粒插入泥中，或者拌泥沙撒播。当水温升至15℃时，5~10 d开始发芽，出苗率可达95%。

②营养体移栽植株法。一般在谷雨前后将池塘水排干，留底泥10~15 cm，将长至15 cm的轮叶黑藻切成长8 cm左右的段节，每公顷按300~750 kg均匀泼洒，使茎节部分浸入泥中，再将池塘水加至15 cm深。约20 d后全池都覆盖着新生的轮叶黑藻，可将水加至30 cm，以后逐步加深池水不使水草露出水面。移植初期应保持水质清新，不能干水，不宜使用化肥。

③整株的种植。在每年的5—8月天然水域中的轮叶黑藻已长至40~60 cm，每公顷放草150~300 kg，轮叶黑藻具有须状不定根，着泥3 d后就能生根，形成新的植株。

（2）日常管理 轮叶黑藻适宜生长的水温为10~35℃，3—8月为生长旺盛期，以冬芽状态沉入水底越冬。种植前期水位最好控制在20 cm左右，随着气温的升高轮叶黑藻会迅速生长，然后逐步加高水位。

图4-10 苦草

在种草前应用聚乙烯网片和塑料薄膜做成围栏，将水草与河蟹隔开，防止河蟹啃食，到水草满塘时，再撤掉围栏设施，让河蟹进入草丛。

3. 苦草

苦草属水鳖科苦草属，别称蓼萍草、扁草。为多年生无茎沉水草本，有匍匐茎，生于溪沟、河流等环境之中，也是河蟹喜食的水草（图4-10）。多采取草籽播种、插条和植株移栽法。

（1）种植方法

①草籽播种。一般春季水温达到15℃以上时即可播种，需种子750 g/hm² （图4-11）。采取浅水播种，播种前池底注新水3~10 cm，播种前晒种1~2 d，浸种12 h，捞出后搓出果实内的种子，并清洗掉种子上的黏液，然后拌入细泥土在池中浅水区均匀撒播，要尽量让草籽黏在泥土上并落入池底。

②插条。选苦草的茎枝顶梢作插穗，具2~3节，长10~15 cm。在3—4月或7—8月按株行距20 cm×20 cm斜插。一般1周即可长根，成活率达80%~90%。

图4-11 苦草种子夹

③植株移栽法。当苗具有2对真叶，高7~10 cm时移植最好。定植密度株行距25 cm×30 cm。

（2）日常管理 苦草耐高温，不易坏水，但易被河蟹夹断，若捞草不及时，有可能使水体发臭、水质恶化，导致河蟹大量死亡。

4. 金鱼藻 金鱼藻别名细草、鱼草、软草、松藻，属金鱼藻科金鱼藻属，多年生沉水草本，是北方地区湖泊、水库等自然水域常见的水草，是河蟹喜欢摄食的水草（图4-12）。金鱼藻采取浅水插栽或深水移栽均可。

（1）种植方法

①浅水插栽。一般在5—6月栽种，池塘注水5~10 cm深，将金鱼藻切成段，按行距1.0 m、株距1.5 m进行人工插栽，一般用种株150~225 kg/hm²。

图4-12 金鱼藻

②深水移栽。一般在每年5月，从自然水域或其他水域捞取金鱼藻移栽到河蟹暂养池，并用围网先围起来，防止河蟹进入摄食。围网面积10~20 m²/个，每亩设2~3个围网。每亩用草量100~200 kg，一般15 d后可拆除围网。也可在每年10月后，待河蟹捕捞上市后进行移栽，每亩用草量50~100 kg，这时没有河蟹啃食，不用进行特别维护。

（2）日常管理 金鱼藻一般在深水与浅水交界处，水深不宜超过2 m，最好控制在1.5 m左右，保持水质清澈，利于金鱼藻生长。

5. 菹草 菹草属眼子菜科眼子菜属，多年生沉水草本植物，也是北方地区常见的水草，耐寒，可越冬生长（图4-13）。

（1）种植方法 菹草一般采用扦插法种植，在春季池塘清塘消毒后，池塘浅注水，保持10~20 cm深。将植株切成20 cm的段，插栽于池底淤泥中，植株行距 1.0 m、株距1.5 m。插栽后，随着植株生长而不断加深水位。

图4-13 菹草

（2）日常管理 菹草不耐高温，最适生长温度是15~20℃，夏季就开始腐烂，注意及时清理烂草，以免坏水。

二、螺蛳放养

蟹种前期主要摄食浮游生物和底栖生物，如水体中饵料生物不足，环沟消毒后，施用适量腐熟发酵后的有机肥进行肥水，调节水色至黄褐色或黄绿色，进行轮虫、枝角类等天然生物饵料的培育。

螺类价格低廉，在养殖河蟹稻田投放螺蛳既降低养殖成本，又可以满足后期河蟹对动物性饵料的需求，也能起到净化水质的作用。

1. 主要种类

（1）方形环棱螺 方形环棱螺属田螺科环棱螺属。螺壳呈圆锥形，螺层7层，缝合线深；壳面呈黄褐色或深褐色，有明显的生长纹及较粗的螺棱；壳口卵圆形，边缘完整；厣角质，黄褐色，卵圆形，上有同心环状排列的生长纹（图4-14）。方形环棱螺在中国大部分地区均有分布。生活于河沟、湖泊、池沼、水库及水田内，主食浮游植物和腐殖质，不耐高温，较耐低氧。每年4月开始繁殖，6—8月为繁殖旺季。

图4-14 方形环棱螺

（2）中华圆田螺 中华圆田螺属田螺科圆田螺属，俗称螺蛳（图4-15）。壳薄脆，多红铜色或青铜色，喜欢生活在浅水、浅泥、底质松软、饵料丰富、水质清新的缓流水域。较耐高温，不耐低氧，生长最适宜温度为20~27℃。

（3）耳萝卜螺 耳萝卜螺属椎实螺科萝卜螺属，别名椎实螺、痕螺、响螺

（图4-16）。贝壳较大，壳质薄，或略透明，壳面呈黄褐色或赤褐色，具有明显的生长纹。外套膜上具有黑色色素形成的不规则花纹，有4个螺层，螺旋部极短，尖锐，体螺层极其膨大，向外扩张呈耳状，外缘薄，易破碎，呈半圆形，无口盖；头部扁平，触角宽大，呈扁平三角形。壳薄、肉嫩，河蟹喜食，卵生，10℃以上便可繁殖产卵，适宜产卵水温为15~25℃，缺氧时，浮在水面。

图4-15 中华圆田螺

2. 螺蛳选择 选择个体大，贝壳完整的螺蛳，受到刺激后足部能迅速收回，厣能有力盖紧螺口。尽可能选择壳较薄、空壳少、泥污少的，同时尽量避免螺蛳携带青苔入塘。且螺体无蚂蟥等寄生虫寄生，避开血吸虫病易感染地区。

图4-16 耳萝卜螺

3. 螺蛳投放时间 螺蛳第一次投放应在清明节前完成，投放时将螺蛳洗净，用聚维酮碘进行消毒，杀灭螺体的细菌和寄生虫，每公顷投放1 500~2 250 kg。在清明节前投放有助于螺蛳积累营养，到了6~7月螺蛳开始大量繁殖，仔螺蛳稚嫩鲜美，营养丰富，利用率较高，是河蟹最适口的饵料。

第二次投放时间在7月底至8月初，每公顷投放1 500 kg，为即将成熟的河蟹提供饵料，促进河蟹育肥。

4. 投放注意事项

（1）在投放螺蛳时切记要均匀铺开投放，不要出现堆积，以免造成螺蛳死亡，影响水质，不利于河蟹生长。

（2）投放螺蛳5~7 d后须进行一次消毒管理。

（3）前期螺蛳投放后须加强肥水，投放后喂养的饲料也要增加。

第五章

稻蟹综合种养技术
——蟹种培育技术

河蟹属于2年（秋龄）性成熟水生动物，当年由蟹苗培育成蟹种，用于第二年成蟹养殖。天津本地蟹种培育过程可划分为两个阶段：一是从5月下旬至6月初开始至当年11月，蟹种饲养至平均规格120~200只/kg；二是当年蟹种经越冬养殖至第二年的4—5月，蟹种平均规格80~120只/kg。

第一节　蟹种培育各阶段的特性

稻田蟹种培育，河蟹主要经历大眼幼体（蟹苗）、仔蟹（豆蟹）、幼蟹3个阶段，各阶段在外部形态、主要活动方式、生活习性等方面具有不同的特点（图5-1）。

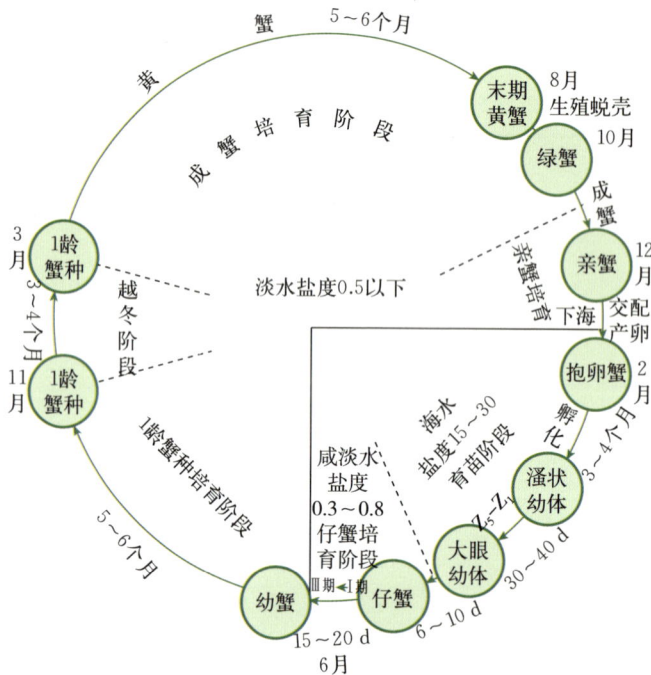

图5-1　河蟹生活史（王武，李应森，2010）

一、大眼幼体

溞状幼体经历5次蜕壳后变态为大眼幼体，俗称蟹苗。大眼幼体呈龙虾形，既可游泳又可爬行，具较强的游泳能力，在河口每天可上溯约30 km。大眼幼体具有较强的趋光性、溯水性和趋淡性。对淡水水流较敏感，往往溯水而上，在河口形成蟹苗汛期。大眼幼体可用鳃呼吸，离水后保持湿润可存活2~3 d，这一特点方便蟹苗干法运输。大眼幼体适合于河口咸淡水（盐度5~7）中生活，它具备较强的渗透压调节能力，因此，经暂养调节，能适应淡水生活。大眼幼体为杂食性，性凶猛，能用大螯捕食比自身大的大型浮游动物。

二、仔蟹

大眼幼体蜕1次壳变态为Ⅰ期仔蟹（图5-2）。其个体大小近似黄豆，故俗称"豆蟹"。仔蟹每5~7 d蜕1次壳，由Ⅰ期仔蟹变为Ⅱ期仔蟹和Ⅲ期仔蟹。Ⅰ期仔蟹阶段，肠道内植物性饵料以及有机碎屑的含量逐步增加；到Ⅲ期仔蟹阶段，其食性已与成蟹相近似，只是食谱范围比成蟹狭，均属以植物性饵料为主的杂食性。在生产上，将大眼幼体培育15~20 d蜕壳3次，规格达16 000~24 000只/kg，即为Ⅲ期仔蟹。可投放入大水面或池塘中饲养，此时，其外形与成蟹相似，并在淡水中（盐度0.5以下）正常生长、生活，食性也由浮游动物逐步转化为以水生植物及有机碎屑为食。

图5-2 仔蟹

三、幼蟹

河蟹进入幼蟹生长阶段，其个体生长快，新陈代谢水平高，蜕壳次数多，要求水草丰富、水质清新、饵料充足的环境。幼蟹群体间个体生长差异十分显著，在自然条件下，同月龄的幼蟹个体可相差200倍。幼蟹的生长快慢与水温、饵料等环境因子密切相关。其食性为杂食性，以植物性饵料为主。当养殖环境条件适宜，饵料丰富，幼蟹生长快、蜕壳频率高。幼蟹是由Ⅲ期仔蟹养殖至当年冬天或第二年春天的蟹种，一般出池规格80~200只/kg，其个体大小似大衣纽扣，故生产上俗称"扣蟹"。

第二节　蟹苗选择

水、种、饵是水产养殖的基础要素，也是核心要素。稻田养殖环境相比池塘养殖需兼顾水稻、河蟹两种生态特性不同的品种，两个生态环境系统的调控比较复杂，因此必须坚持选好优质种苗。

一、蟹苗（大眼幼体）选择原则和标准

1. 选购时间　天津本地蟹苗育成时间一般为5月20日前后，完成插秧缓秧的农户可以选购；辽宁盘锦地区的蟹苗（大眼幼体）通常5月底至6月5日前育成。

2. 日龄　6日龄以上。

3. 体色及外表　体色呈淡青黄色，有光泽和透明感，显微镜检体表无聚缩虫或丝状细菌等。

4. 活动能力　溯水性强，爬动有力，用嘴对其吹气反应敏捷。手抓时，有粗糙感，甩干水分轻握成团，松手或放入箱中能立即自行散开。

5. 规格　14万~16万只/kg。同批苗大小规格应均匀一致。避免日龄不同养殖阶段出现互相蚕食。

6. 育苗水体盐度及温度　蟹苗出池时，水体盐度不高于4，淡化时间不少于7 d，育苗阶段水温适宜在20~24℃。

二、选购蟹苗注意事项

选购河蟹蟹苗时，在遵循上述标准的前提下，以下6种苗不能购买。

1. 花色苗　体色深浅不一，个体大小不一。如果是人工繁育的蟹苗，表明发育阶段不一；如是天然蟹苗，可能混杂其他种类的蟹苗。

2. 海水苗　未经淡化的蟹苗，不适应淡水生活，必须淡化到适应盐度4以下。

3. 嫩苗　体色半透明，日龄低，甲壳软，不易操作和运输，培育成活率低。

4. 脱壳苗　大眼幼体一部分已脱壳变为Ⅰ期仔蟹，此阶段购买运输成活率低。

5. 高温苗　育苗阶段水温应保持在20~24℃，从孵化到大眼幼体出售需经过21~23 d。如提高育苗期温度，蟹苗发育加快，育苗周期缩短2~3 d，导致苗小、适温性差、易死亡。

6. 药害苗　大量抗生素药物的使用，致使蟹苗对病原产生抗药性。患病后治愈率低，脱壳时易死亡。

三、蟹苗质量鉴别

生产上鉴别蟹苗质量优劣，多采用"三看一抽样"的方法。

1. 看颜色　优质蟹苗体色呈淡青黄色，有光泽和透明感，且颜色一致。劣质蟹苗体色深浅不一，色浅透明的嫩苗与颜色较深的老苗混杂一起。

2. 看群体规格 同一批蟹苗大小规格必须整齐（要求90%相同）；否则，高日龄大眼幼体会蚕食低日龄大眼幼体，而且到仔蟹、幼蟹阶段，这种生长龄期不同步仍然会造成大小差异、互相蚕食。

3. 看活动能力 蟹苗沥水后用手抓握有粗糙感，手握一把后松手，马上四处散开表明其活力强、行动敏捷，则为优质苗；反之，如用手抓握无粗糙感，松手后蟹苗成团，少有散开则为劣质苗。

4. 抽样检查、检测 称取1 g蟹苗计数，通常12万~13万只/kg为特级苗，品种多见于长江蟹；14万~16万只/kg为壮苗，18万~22万只/kg为中等苗，24万只以上/kg为弱苗。

四、蟹苗运输

蟹苗运输根据来源不同，分为运输有外地购买中长途运输和本地购买短途运输2种。

1. 中长途运输 通常使用蟹苗专用木质箱，干法运输。运输前苗箱须在水中浸泡12 h，以保持运输过程中潮湿的环境。苗箱放苗前箱内铺一层水草，每箱装运蟹苗1 kg，运输时间控制在24 h以内（图5-3）。长途运输装运蟹苗前应将称重蟹苗装入筛绢袋甩去附肢上的水，然后均匀分散铺装于苗箱水草上。运输中，避免阳光直接照射或风直吹。运输车辆为专用空调车或加冰降温运输，温度保持在16~20℃，避免高温或低温运输（图5-4）。

图5-3 蟹苗打包装箱

图5-4 运输冷藏车

2. 短途运输 本地产蟹苗运输时间短，1~2 h，也采取干法运输。通常使用四周底部带孔的长方形塑料筐或筛绢袋进行装运。塑料筐底部铺一层水草保持湿润，蟹苗均匀平铺在上面，蟹苗的叠压厚度适当；或者将称好的蟹苗装入筛绢袋，每袋不超过2.5 kg，平放于运输车内事先铺好的潮湿水草上（图5-5）。运输过程中控制好车内环境温度、湿度，同时避免阳光直晒或风直吹。

图5-5 蟹苗筐

第三节　蟹苗投放

一、蟹苗的生物学特点

1. 蟹苗个体小，躲避敌害的能力弱　容易被野杂鱼、青蛙、蝌蚪等敌害生物吞食。蟹苗在自然条件下主要以浮游动物（水蚤）等为食，也摄食水蚯蚓和水生植物（小浮萍等）。这些食物在自然情况下往往不能满足需要。

2. 对外界环境的适应能力低　大眼幼体喜欢在咸淡水中生活。据相关试验（王武等），在相同的密度、饵料条件下，由大眼幼体育成Ⅰ期仔蟹，生活在盐度为7的咸淡水中，平均成活率达72.2%；盐度为3的咸淡水中，平均成活率为49.2%；盐度为0的纯淡水中，平均成活率仅30.1%。此外，温度剧变，特别是升温，大眼幼体容易死亡。

3. 新陈代谢水平高，生长快　蟹苗的耗氧量很大。据相关试验（王武等）每克蟹苗的平均耗氧量为1.068 mg/h，而蟹种（8 g）每克体重仅耗氧0.18 mg/h。能量需要量比较，蟹苗每1 kg需要14.39 kJ/h，而蟹种（8 g）每kg仅需能量2.43 kJ/h。由于蟹苗阶段新陈代谢水平高，因此生长快，一般4~6 mg的大眼幼体经过15~20 d的培养即可达到50 mg左右的Ⅲ期仔蟹，体重增加了10倍。因此，蟹苗直接投放到湖泊、江河或池塘中，其成活率很低。通常大眼幼体的回捕率仅0.5%~5%。需要一个水质良好、饵料充足、无敌害的生态环境，以促进生长、提高成活率。

当水温20℃时，升温的安全范围仅为（3.1℃±0.75℃）。根据蟹苗生活习性，需提供一个浅水、有水草遮蔽、无敌害的环境。河蟹只有在浅水环境条件下才能脱壳。根据不同水深对蟹苗育成Ⅲ期仔蟹成活率试验表明，同一批蟹苗，在同样水质和相同的饵料条件下，生活在10~30 cm的实验组成活率达到53.3%。

二、饵料生物组成与需求

蟹苗入塘后由大眼幼体变态为仔蟹，需要鲜活、高质量的适口饵料。目前针对这一阶段的人工配合饲料开发受到制作工艺、适口性等制约。同时，稻田环境下采用人工配合饲料容易造成投喂不均、吃食不均、饲料散失浪费等，从而影响蟹苗生长发育，造成蜕壳、变态等不同步，易产生相互残杀，影响成活率。

（一）动物性饵料

与池塘养殖河蟹的环境条件不同，稻田沟渠水系条件受外源主干河流的影响，而且在整个水稻种植期会根据水稻不同阶段的生长需求进行换水。蟹苗变态为Ⅰ~Ⅲ期仔蟹，以动物性饵料水蚤为佳，其具有鲜活、适口性好、易捕食、营养价值高的特点。因此，蟹苗投放稻田时，稻田外源水及沟渠水中的水蚤须达到一定丰度以满足蟹苗需要，提高蟹苗的成活率。与此同时，周边河道如有小型螺、贝类等生物资源的，建议适量投放，每亩平均投放量50~75 kg。后续能起到净水和补充动物性饵料的作用。

（二）植物性饵料

养殖河蟹，栽培水草是关键的技术环节。河蟹生态养殖生产实践中，水草起着十分重要的作用。主要表现在：水草是河蟹喜食的营养饵料来源；水草为河蟹提供不可缺少的栖息和隐蔽场所；水草能够净化和调节水质；水草是水环境生态系统中重要的组成因子。农有谚语，"蟹大小、看水草，蟹多少，看水草"，形象说明了水草在河蟹养殖中的重要性。

稻田养殖河蟹时，由于沟渠、田面水位相对较浅，而且水稻生长期内的特定阶段进排水灌溉处于一种常态，稻田浅水环境所能提供的饵料生物及能量理论上不足以满足河蟹的生长需要。因此，在沟渠适当移栽、种植水生植物可以为仔蟹、幼蟹提供植物性饵料，也为其提供栖息、蜕壳的良好环境。通常选择在稻田的排水渠或边沟内移栽水草，遵循易获得、适应强、成本低的原则，如轮叶黑藻、伊乐藻、菹草、浮萍等，覆盖面积50%~60%。

三、投放前水质检测

大眼幼体投放前需进行沟渠清整、消毒除害以及移栽适宜的水草品种等准备工作，具体可参考第四章相关内容。另外，由于蟹苗弱小，对外界养殖水环境变化敏感，耐受力不强，因此投放前需特别注意水质指标的适应性。

养殖沟渠在放苗前半月泼含氯石灰消毒，用量50~75 kg/hm^2。投放大眼幼体前一周，杀灭稻田、环沟内野杂鱼。检测进排水渠、环沟、田间沟水质，氨氮低于0.5 mg/L，亚硝酸盐氮低于0.1 mg/L，溶解氧5 mg/L以上适宜投放。有研究表明，当氨氮≥0.50 mg/L或亚硝酸盐氮≥0.100 mg/L时，会出现河蟹蜕壳不遂、上岸、易发病、易死亡等情况。蟹苗个体弱小，对温度、盐度等指标变化敏感。因此，蟹苗投放前要对稻田水质进行检测，提高蟹苗下塘的成活率。

水质检测可采集水样送到专业机构或技术服务部门进行检测，或者利用现场检测仪器或快速检测试剂盒进行测定和初步判断。放苗前可再通过采集少量蟹苗进行试水的方法来检验稻田水的安全性。

四、蟹苗投放

天津地区河蟹大眼幼体集中出池时间为5月20日前后，宁河、宝坻部分区域插秧早、秧苗缓秧结束且稻田水位已经稳定，可进行蟹苗的投放。除此之外，大部分水稻种植区域5月底至6月初方完成缓秧。因此，蟹苗投放入稻田的时间一般集中在这个阶段。此时也是辽宁盘锦地区的河蟹大眼幼体陆续集中出池销售的时间。蟹苗投放注意要避开水稻集中插秧期与缓秧期，避免机械插秧可能对蟹苗造成的损伤以及水位频繁变化对蟹苗产生不利影响。蟹苗投放密度2.25~5.25 kg/hm²为宜，面积大于10 hm²的养殖稻田单元，以田间生物饵料为主要食物来源的粗放式养殖，蟹苗投放密度不宜超过3 kg/hm²。投放时，蟹苗（大眼幼体）均匀投放于稻田养殖沟渠，上风头投放。投放时间选在晴天傍晚或清晨，具体投放时间应在6：00—8：00或17：00—19：00，养殖户须根据运输车程远近安排好接收苗种时间。如蟹苗经长途运输，投放前须注意运输温度与稻田水环境温度差异，可将苗箱浸入稻田水中2 min后提起，反复操作2~3次后再行投放。

第四节　养殖管理

当年培育（养殖）蟹种我们划分为3个主要阶段：第一阶段为蟹苗—仔蟹期，第二阶段为仔蟹—幼蟹前期，第三阶段为幼蟹—蟹种期。当年收获的蟹种可捕捞直接销售，也可进行越冬储养至第二年春天。蟹种当年培育期间的养殖管理关键是做好投喂管理的两抢一控和避害防逃。

本章第三节介绍了蟹苗投放入稻田其生长所需的饵料种类，主要包括水蚤等动物性饵料和一些喜食的水草品种。这些天然饵料是蟹苗培育至幼蟹前期的主要食物。

一、蟹苗—仔蟹期管理

大眼幼体经过3次蜕壳后规格达到16 000~32 000只/kg的Ⅲ期仔蟹，蜕壳时间15~20 d。在天津地区这个阶段主要是从6月上旬至6月下旬，这时候水温通常在20℃以上，稻田水稻经历一次施肥，此时稻田水体氨氮短时间上升迅速，对仔蟹生长蜕壳产生不利影响。因此，施肥要避开仔蟹蜕壳期。饵料营养方面，这一阶段的大眼幼体、Ⅰ—Ⅲ期仔蟹主要摄食稻田水体中的浮游动物、底栖生物并逐步过渡到水生植物及有机碎屑等，多为天然饵料。此阶段饵料生物是否充沛对仔蟹成活率影响很大。因此，需特别关注稻田水源水及进排水渠水体中天然生物饵料的种类和数量。水体氨氮含量0.2~0.5 mg/L、浮游植物组成种类多样均衡且具有一定数量，从而在大眼幼体下塘后能够有较丰富的轮虫、枝角类等浮游动物饵料摄食。如水体过于清瘦，一方面需要将外源的"肥水"引入，另一方面可采取人工捕捞枝角类等水蚤投放入稻田。

蟹苗蜕壳变为Ⅰ期仔蟹是比较关键的时期，其成活率往往受到以下因素的影响。蟹苗由育苗场转入稻田，在新的环境条件下，变态为Ⅰ期仔蟹。在水质上从海水逐步过渡到淡水，在生活习性上从浮游逐步过渡到穴居；在食性上从食浮游生物过渡到杂食性。仔蟹培育稻田水环境（包括水温、盐度、硬度、钙镁比例、pH等）与原河蟹育苗池存在差异，蟹苗机体需要随之进行调节，以适应新的饲养环境。特别是这一时期蟹苗蜕壳间隔时间短，蜕壳期间幼体会经历软壳蟹阶段。此时，对外部不良环境的适应能力最差，且机体脆弱也缺乏抵御外部敌害的能力。如果仔蟹养殖环境与育苗池的水环境差异过大，超过了蟹苗的忍受能力，蟹苗在蜕壳变态为Ⅰ期仔蟹就会大批死亡。因此，特别注意要在蟹苗初下塘时，为其提供一个与育苗时相似的环境与水质条件，以提高Ⅰ期仔蟹的成活率。另外，蟹苗蜕变为Ⅰ期仔蟹，在体形和体重上会有很大变态。特别是体重，要增长1倍以上。因此，整苗在蜕壳前需要大量获取营养，供应其蜕壳、变态。在蟹苗培育阶段，最佳适口饵料是枝角类（水蚤）。如果蟹苗进入稻田环境，水体因缺乏枝角类，造成蟹苗营养不足，体质变差，不能满足蜕壳需要，捕食能力弱，则会导致蟹苗群体蜕壳为Ⅰ期仔蟹的时间延长，蜕壳不同步，死亡率高。

二、仔蟹—幼蟹前期管理

6月底至7月，仔蟹经过约1个月的生长又蜕壳2次，进入幼蟹阶段，规格达到8 000~10 000只/kg。随着气温升高，河蟹摄食旺盛、生长快、代谢水平高，需要水质清新和饵料充足的条件。此时，根据水体中天然饵料情况综合幼蟹生长蜕壳，每周补充投喂2~3次全价配合饲料，投喂量按幼蟹推算存塘量的5%~8%计算，于傍晚时分撒放在沟渠近岸浅水带，2~3 h后观察1次，第2天清晨观察1次，根据幼蟹摄食情况判断是否需要增加投喂频次和数量。7月，水稻生长需追肥1次，仍需避开幼蟹蜕壳期。施肥后注意观察蟹的活动情况，并连续5 d检测稻田水体氨氮指标，适时换新水补充。

三、幼蟹—蟹种期管理

7月下旬，天津地区进入主汛期以及相对高温期。幼蟹生长发育在此阶段的管理要常调水换水防缺氧、适当减量投喂控早熟，每7~10 d投喂1次全价配合饲料，蜕壳前适当增加投喂频次，以保证必要的营养积累。直至9月中旬，幼蟹生长到达120~200只/kg的蟹种规格。收获前的10~15 d（一般从10月上旬开始至集中收获），需对养殖的蟹种进行强化培育，投喂营养均衡的全价配合饲料，以为越冬储备足够的能量。从近3年的生产情况来看，2020年10月，蟹种平均产量600~750 kg/hm^2，规格70~100只/500 g；2021年同期蟹种平均产量375~600 kg/hm^2，规格40~90只/500 g；2022年同期蟹种平均产量300~375 kg/hm^2。

四、其他日常管理

坚持早晚巡田，观察仔蟹（幼蟹）摄食、活动、蜕壳、水质变化等情况；检查防逃设施有无破损，进排水管口及堤埂有无漏洞，下雨时视水位及时排水等。

（一）防逃

河蟹自大眼幼体（蟹苗）至蟹种阶段个体小，对水位及微小水流的变化也十分敏感。稻田培育环境下需格外重视防逃管理，特别是水稻中前期因秧苗生长要求需调节水位，就需要注意经常检查进排水管口的袖网有无破损，管口周围的堤埂要夯实，避免缝隙造成逃逸。另外，汛期来临前后，也要特别加强防逃设施的巡查与修护。

（二）防早熟

有研究表明，河蟹养殖中普遍存在5%~30%的河蟹性早熟现象（图5-6、图5-7）。性成熟的河蟹不能继续生长，会造成饵料的浪费，且商品价值低。如果作为蟹种进行越冬养殖，第二年春天则出现大量死亡，对生产效益造成严重影响。

图5-6 早熟蟹种（雄）

1. 性成熟河蟹的特征 一是蟹种雌蟹腹部已成团脐；雄蟹螯足绒毛及步足刚毛稠密，且颜色较深，交接器变成坚硬骨质化的管状体。二是性成熟的蟹种背部凹凸不平，颜色为墨绿色或青色。三是性成熟蟹种性腺已经发育。打开蟹种的头胸甲，在肝区上可看到有2条紫色条状物且有卵粒或有2条白色块状物即精巢，则表明性腺已成熟。

图5-7 早熟蟹种（雌）

2. 性早熟河蟹形成的原因 一是营养过剩。河蟹的性腺重量与肝脏重量成反比。在黄蟹阶段性腺小，肝脏重，肝脏为卵巢重的20~30倍。当绿蟹阶段进入生殖洄游时，性腺发育迅速，卵巢逐渐接近肝脏重量。当进入交配产卵阶段，卵巢重量已明显超过肝脏。人工培育蟹种，如投饵数量多，质量好，其胃内的食物组成以动物性饵料、精饲料为主。这就使蟹种肝脏体积迅速增大，并加速向性腺转化，以储存多余的营养物质，于是便出现生长快、个体大的蟹种性腺早熟现象。

二是有效积温增加。稻田培育蟹种时，由于水体较小，水位浅，近两年高温期早且持续时间长，夏季水温可高达32℃以上，而一般大水面（如湖泊、江河）水温不超过30℃，由于生长期水温高，其新陈代谢水平高，摄食量大，生长速度加快，当肝脏储存养分过多时，便向性腺转化，促使性腺快速发育，形成性早熟。

三是养殖水体盐度高。现有的研究资料显示，高盐度对河蟹性早熟有很大的影响。如长江地区曾发现盐度4以上的蟹种培育池培育的蟹种几乎100%是性早熟的小绿蟹；盐度1~3的池塘比纯淡水池塘养殖出的早熟蟹比例高；近海区域养殖的比淡水水库、河道等区域早熟蟹比例要高。

四是种质退化。伴随河蟹养殖规模扩大，地区之间的品种迁移及混杂现象已形成多年，加上部分人工繁育蟹苗的生产单位在亲本选择上不能做到群体多样、多代连续性，导致河蟹品种混杂、退化，生长优势不显著，性早熟比例高。

3. 预防措施 一是选择正规苗种生产的适宜当地稻田养殖水环境的大眼幼体或者豆蟹，通常5月下旬至6月初投放。精养投喂管理的稻田大眼幼体的投放密度不宜过低，一般单位面积（亩）不低于0.25 kg。

二是科学合理投喂。蟹种培育过程中随时观察生长情况，控制投喂量和投喂频次。特别是养殖中期，如发现河蟹生长过快、规格大、性腺发育超前，则应减少投喂，阶段性少投或不投精饲料，遵循以植物性饵料为主、辅以动物性饵料的原则，避免高温季节营养能量的过分积累。

三是控制高温期水温。大眼幼体进入稻田后，稻田水位一般维持在10 cm左右，进入夏季高温期，应经常引入周边河道、水库内的水进行换水和补水，以适当提高水位、降低水温。

（三）防敌害

稻田培育蟹种过程中因其个体弱小，抵抗外界敌害生物能力弱，像蝌蚪、青蛙、乌鳢等凶猛性鱼类、老鼠以及水鸟等多种类型的敌害生物都会对蟹苗、蟹种在不同生长阶段产生极大的危害，造成其或被吞食或被啄伤后死亡。特别是蜕壳时爬到浅水处，整个蜕壳过程以及蜕壳后约24 h内河蟹的外壳比较柔软，缺乏抵御敌害侵袭的能力。因此，在管理上必须做好进水口的防护，避免进水过程中带入鱼卵、蛙卵；日常巡田观察特别留意有无蛙、鼠、鱼类的活动，及时采用捕捉用具、药物杀灭等方式予以捕杀，最大限度降低对仔蟹、幼蟹、蟹种的伤害。

第五节 捕捞收获

通常在10月上旬开始陆续起捕，至10月底结束。可采取地笼张捕或在进排水口处、稻田边角设置陷阱等方法。起捕后的蟹种可直接销售或放入越冬池中越冬。

一、地笼捕捞

当天傍晚在稻田排水渠布设地笼网，第2天观察蟹入网数量多少，将地笼起获的蟹种倒入专用的塑料大盆或塑料筐进行分选，并抽样测定规格。主要将早熟的二龄蟹以及活力差的弱蟹、死蟹挑出。直接销售的根据规格要求进行适当地分选后打包、称重；越冬储养的则转运至养殖池（图5-8）。

图5-8　地笼捕捞

二、陷阱捕捞

每个田块单元的四角挖方形的蟹坑用于收集蟹种。集蟹坑底部与四壁用整片塑料膜铺好，塑料膜四周延伸到蟹坑外在田块地面铺平压实。一方面防止蟹种爬入土坑内的缝隙，另一方面蟹坑整体铺上塑料膜后便于一次性起捕（图5-9）。

图5-9　捕蟹沟（坑）

第六节　越冬管理

蟹种越冬管理是关系来年春季苗种成活率和质量的关键环节。通常情况，越冬的蟹种存储于稻田主排水沟（渠）或空闲的鱼虾养殖池塘。

一、塘、田或沟渠

蟹种捕捞收获前，对计划越冬储养的稻田沟渠或池塘提前进行清淤、晾晒和消毒，并引入水质条件符合要求的外源水。清塘消毒可选用含氯石灰或碘制剂进行消毒。特别是养虾池塘或者多年开展稻蟹综合种养的稻田，池塘（稻田）底部淤泥存在有害病原生物的风险较大。因此必须彻底清塘消毒，以最大可能地杀灭敌害与病原，提高蟹种越冬的成活率。另外，存蟹的池塘、稻田也需要布设高约0.6 m的防逃墙，避免其逃逸。

二、蟹种选择

剔除早熟蟹种，选择体质健壮、无伤残、不携带病原、规格整齐一致的蟹种同池越冬，防止河蟹之间发生相互蚕食现象。在当年入冬前，将稻田内捕捞的蟹种集中后，根据蟹种的外部形态特征，挑出早熟的2龄蟹种，并按河蟹规格进行筛选分类后投放。早熟蟹种观察外部形态主要特征表现为：雄蟹螯足上的绒毛浓密，自背面至腹面覆盖螯足的2/3以上；雌蟹腹部（腹脐）接近半圆形状，最多只能再蜕壳1~2次即达到成熟。早熟的蟹种如果用于第二年成蟹养殖，往往无法达到正常的商品规格，规格小，经济价值低。另外，早熟的蟹种越冬时也会与正常规格的蟹种争夺水体空间、饵料等，因此越冬前必须挑出。

抽样进行蟹种病原检测。越冬蟹种不携带河蟹"颤抖病"病原——中华绒螯蟹螺原体（*Spiroplasma eriocheiris*）及河蟹"牛奶病"病原——二尖梅奇酵母（*Metschnikowia bicuspidate*）等高致病性病原体。

近两年，北方地区部分养殖田块，蟹种越冬过程中感染"牛奶病"，造成开春后蟹种质量下降，投放入稻田后死亡率高，严重的时候可高达50%以上。因此，越冬前可随机采集蟹种30只，采用平板接种法、PCR检测等方法可以在48 h检测出蟹种是否携带"牛奶病"以及携带量，从而采取强化投喂免疫增强剂、复合有益菌制剂以及降低越冬存塘密度等方式加以控制。关于河蟹"牛奶病"的具体检测方法以及防控措施将在后面章节进行专门介绍。

三、蟹种储养密度

根据储养条件，存塘密度一般在7 500~12 000 kg/hm^2；池塘配备增氧设施。生产中如果利用池塘储养越冬的蟹种，建议使用水车式增氧机或者微孔管道（纳米管）增氧设备。主要是因为越冬阶段存储蟹种密度相对较大，叶轮式增氧机因为增氧区域的限制，而且容易将中下层水泥搅动起来，造成越冬蟹种的伤亡。水车式增氧机推水可使池塘形成顺时针或者逆时针的循环式水流，配合纳米管增氧能够对中下水层进行有效的增氧，增氧分布均匀、搅动水体相对柔和，对越冬蟹种机械损伤小。

四、越冬期水位及水质管理

蟹种越冬的池塘或沟渠水深保持在1.5 m以上，经常检查是否有渗漏，如发现渗漏及时补漏补水。定期观察藻类及水质变化，溶解氧含量始终保持在4 mg/L以上。越冬池水质肥度适当，以利于浮游植物正常进行光合作用，提供充足的溶解氧。由于天津宝坻、宁河等稻蟹主要养殖区域每年12月下旬至翌年2月中旬出现封冰期，因此需提前做好水质管理。蟹种转入越冬池塘后，每周检测越冬池塘的中下层水质情况，氨态氮≤0.5 mg/L、亚硝态氮≤0.1 mg/L、pH 7.6~8.6、溶解氧≥6 mg/L；水色呈黄绿或黄褐色，浮游植物种类以绿藻、硅藻、隐藻等为主，浮游动物数量适中，避免缺氧。当出现养殖水体清瘦的情况，则需要采取调换水

（引入周边水源水）、泼洒肥水素等方式补充有益藻类，提高水体的营养物质含量，以保证整个封冰期稳定良好的水质状态。

五、蟹种营养补充

为了保证整个越冬期蟹种拥有良好健康的体质，越冬前，水温在10℃以上时坚持对蟹种进行投喂，以动物性蛋白、脂肪含量高的全价配合饲料为宜，饲料粗蛋白≥32%、粗脂肪≥4.5%，每天傍晚投喂1次，并延长投喂期，增强蟹种体质，提高越冬成活率。随着气温下降，蟹种活动与摄食强度的降低，投喂数量逐步减少直至停食。第二年春季气温回升至15℃以上，见河蟹在岸边活动时要及时进行投喂，促进其恢复体质。上述两个阶段的强化投喂，对于蟹种顺利度过冬季以及春季完成第一次蜕壳都是十分重要的，切勿忽视。

六、越冬期间管理

1. **勤巡塘观察，对异常情况早发现早处置**　每3~5 d监测溶氧1次，时间选在8:00—9:00，如出现溶氧降低及时采取增氧措施。封冰期根据需要及时打冰眼、雪后扫雪等。

2. **应急处置**　冬季遇到极端风雪等天气，做好应急准备与处置工作。重点关注池塘、沟渠水位，藻类组成、底层溶解氧等变化，检查增氧设备，备好除冰扫雪用具以及应急增氧、解毒等所需药品。如需应急处置及时采取有效应对措施，尽可能减少损失。

第六章

稻蟹综合种养技术——成蟹养殖技术

第一节　蟹种挑选

一、蟹种挑选要求

选择好的蟹种是养殖成功的关键。总的原则是选择规格一致、体质健壮、不携带病原的蟹种。其甲壳呈青灰色、色泽鲜亮、体表光洁无附着物、附肢完整、步足伸缩自如、足爪及爪尖无磨损。规格80~200只/kg，无性早熟特征。

判断蟹种性腺发育情况，需揭盖检查。选择有代表性的壳厚、壳薄、大小中等的蟹种进行揭盖检查。性腺呈现紫色条状物或白色块状物，属于近似性成熟，一两次蜕壳后就不再蜕壳；性腺灰白色或似透明状，属于育肥不到位，越冬消化系统功能失调，养殖过程中环境稍有变化会出现死亡或不长；应选择性腺浅黄、灰黄的，肥度中等的蟹种（图6-1）。

图6-1　蟹种

二、主要品种来源

天津地区多是选择适应水域环境强，成活率高，体质强健的中华绒螯蟹良种或本地选育品种。

目前，经国家原良种委员会审定的河蟹良种主要有长江1号、长江2号、光合1号、诺亚1号等，这些区域性良种是我国水产科技工作者根据不同地理种群特点，经过多年的河蟹种质提纯复壮研究培育出来的。其中，来自辽河水系的中华绒螯蟹新品种光合1号自2016年开始批量引入天津市，经过养殖试验其适宜天津地区的稻田环境条件，平均亩产15~25 kg，平均规格75~125 g，大规格雄蟹规格可达到150 g以上。长江水系的河蟹品种，也曾引进到天津市用于养殖，其成蟹养殖周期、蜕壳次数、生长性能、规格产量等尚待进一步研究，积累生产性的可靠数据。

除此之外，天津地区拥有国家地理标志产品"七里海河蟹"，七里海河蟹目前已历经10代以上的保种和群体选育，具备区域性品质优势特征，也作为区域稻田蟹种培育与示范的供给来源之一。

第二节 暂养与投放

一、蟹种暂养

天津市稻作区插秧时间通常在5月中下旬，蟹种放养在6月上中旬进行。2016—2020年，天津市用于稻田养殖的蟹种主要从辽宁盘锦地区进行采购，由于投放蟹种的时间同辽宁盘锦的蟹种销售时间（3月底至4月初）衔接不上，当时须进行为期约2个月的蟹种暂养。一是为前期蟹种能够低价、量足、质优购买提供了技术支撑；二是通过暂养让蟹种慢慢适应本地的养殖环境，提高了入田后的成活率。天津地区采取"边沟暂养蟹种"的方式。

1. 暂养沟渠与消毒 暂养沟渠水深0.6~1.5 m。放养前用含氯石灰带水消毒。

2. 移栽水生植物 暂养沟加水消毒后，在插秧前1~2个月移栽水草，利于蟹种的栖息、隐蔽、生长和脱壳，提高其养殖前期成活率。水草种类包括沉水植物轮叶黑藻、金鱼藻、苦草、菹草、伊乐藻等；漂浮植物凤眼莲等，两者可搭配种植，漂浮植物需要固定。

3. 蟹种品种选择 选择经过全国原良种委员会审定中华绒螯蟹良种（适宜北方地区）或天津本地区的河蟹品种，蟹种平均规格120~180只/kg。

4. 蟹种暂养 3月底至4月初购买蟹种，投放暂养沟中暂养，暂养时间为60 d左右，暂养密度不宜超过每亩3 000只。暂养水质条件良好、及时跟进投喂营养积累充足，暂养阶段河蟹能完成两次脱壳。此时暂养沟的负载量为入池时的1.5倍以上，因此亩暂养量不宜超过25 kg。投喂新鲜低值螺贝类、豆粕或河蟹人工全价饲料（粗蛋白32%以上），每天傍晚投喂1次，观察蟹种摄食与第二天的饵料剩余情况，通常以饵料略有剩余为适宜，饵料全部摄食完或者余量过多，则须进行调整，每天投喂情况做好生产记录。河蟹集中蜕壳期减少投喂或停喂，待蜕壳完成后及时恢复投喂，避免因饲料不足引起相互蚕食。定期检测水中的溶解氧含量，当含量低于3 mg/L时，要及时补换新水。

2020年4—5月，北方地区稻蟹种养生产中陆续发生病害，这种疾病导致河蟹出现大量死亡的现象，天津市稻蟹种养产业也受到了很大影响，后经综合分析，与养殖户购买了感染"牛奶病"病原蟹种密切相关。随后，2021年开始，天津地区引导种养户进行稻田蟹种本地化培育，从而提高蟹种自给率，降低河蟹"牛奶病"造成的风险和损失。本地培育的蟹种主要集中在3月底至6月上中旬进行投放。养殖户是否进行暂养需要综合考虑以下方面：

（1）稻田沟渠条件 暂养期间，蟹种投放入暂养沟渠相比较进入稻田养殖，其特点是水体面积小，密度高，经历1~2次蜕壳，对水质要求较高。因此根据多年的生产经验积累，暂养沟宽应在2 m以上，深水区1.5 m左右；外源水质符合水产养殖相关标准，开春后经过清整消毒，并投放适宜的水草，以满足蟹种集中暂养对清新水质的要求。

（2）河蟹体质　目前河蟹"牛奶病"尚未列入水产疫病检疫名录，但作为危害河蟹养殖的主要病害之一，选购前必须对蟹种进行检疫，并针对"牛奶病"进行专项的检测。理论上检测出来，即不建议养殖，否则风险较大。如果检出携带率较高的蟹种用于稻田养殖，则易出现开春后第一次蜕壳前蟹种大量死亡的现象，死亡率可高达50%以上，造成严重损失，后续需要进行二次投苗（蟹种）。

（3）暂养期间的养殖管理　通常2个月左右的暂养期，蟹种将完成两次生长蜕壳，如果稻田沟渠条件有限，在这个阶段主要以水稻田间管理为主，按照水稻栽培常规方式进行封闭除草、施底肥、插秧、缓秧，不进行饲料投喂，则会对蟹种生长、蜕壳、摄食等产生一定的影响，因此，选择5月底至6月初缓秧后投放大规格蟹种比较适宜。

二、蟹种投放

1. **投放准备**　蟹种投放入田错开稻田集中施用农药和化肥的时间，投放前对蟹种进行浸泡消毒，可选用碘制剂或5%的食盐水浸泡消毒5~10 min。操作时，先将蟹种放入水中浸泡2~3 min，提出后静置片刻，再浸入2~3 min，如此反复2~3次，待蟹种吸足水后，用碘制剂或食盐水浸泡消毒，消毒时要同步充气增氧。

2. **投放时间**　一般待水稻分蘖结束、秧苗壮实后，将稻田水位加深至10 cm，于清晨或傍晚将大规格蟹种，投放入稻田沟渠。天津地区一般5月下旬至6月上旬投放暂养后的大规格蟹种。

3. **投放密度**　根据稻田水质条件、预计产量与养殖管理能力综合考量，通常3月底投放的蟹种平均规格120~180只/kg，每亩投放400~500只；经过暂养的蟹种，平均规格80~120只/kg，每亩投放300~400只。可视稻田投入产出计划适当进行调整。大规格蟹种投放后及时投喂，保证充足的饵料供给，避免对秧苗的啃食。

三、稻蟹种养密度试验

1. **不同密度稻田成蟹养殖生产性试验**　2017年—2018年，在天津市宝坻区开展了蟹种不同放养密度养成对比试验，并在后续稻蟹养殖中进行生产示范，获得较为理想的综合产出效益。试验结果如表6-1、表6-2所示。

表6-1 蟹种不同放养密度养成效果（示范点位1）

项目	1号田	2号田	3号田
放养面积（亩）	40	40	40
蟹种平均规格（g/只）	6.5	6.5	6.5
亩投放量（kg）	3.0	3.5	4.0
养殖期	4月初投放，9月底10月初收获		
收获平均规格（g/只）	125.00	98.04	89.29
产量（kg）	600	640	740

表6-2 蟹种不同放养密度养成效果（示范点位2）

项目	4号田	5号田	6号田
放养面积（亩）	10	10	10
蟹种平均规格（g/只）	10	10	10
亩投放量（kg）	2.0	2.5	3.0
养殖期	6月15日投放，9月20日至10月25日收获		
收获平均规格（g/只）	105.75	99.40	91.79
产量（kg）	160	215	217

示范点一： 1号田成蟹平均规格大于3号田，单位面积产量低于3号田的740 kg。1号田成蟹平均规格125.00 g/只，成蟹销售产值5.40万元。2号田成蟹平均规格98.04 g/只，成蟹销售产值4.80万元。3号田成蟹平均规格89.29 g/只，销售产值4.81万元。回捕率方面，3号田放养密度高，回捕率为34.5%，1号田放养密度低于2号田和3号田，回捕率为26.7%。1号田总体效益高于2号田和3号田。

示范点二： 与4号田、6号田比较，5号田亩放养蟹种2.5 kg，在生产投入方面3个试验田相差不大。5号田收获平均规格99.40 g/只、略低于4号田；但单位产量高于4号田5.5 kg/亩，略低于6号田0.2 kg/亩；且回捕率最高，综合效益优势显著。

综合分析以上单产、效益、回捕率等试验结果，生产中根据稻田条件，合理调控放养密度，能够实现产出规格的提高。蟹养殖管理中防逃、水草等隐蔽物的设置，对回捕率及收获产量有直接影响。以试验为基础，结合天津市蟹种放养时间（规格）不同，亩放养300~500只/亩蟹种综合产出效益相比对照组最佳。

2. 稻田成蟹养殖围格试验 2022年，在宝坻区示范基地进行了稻田成蟹养殖不同投放密度围格试验。养殖期自6月5日投放蟹种至10月8日收获完毕，结果见表6-3。

表6-3　蟹种不同放养密度养殖结果（稻田围格）

围格编号	密度（只/亩）	亩产量（kg）	平均亩产量（kg）	平均规格（g/只）
2号	低密度组 180	7.03	7.05	86.5
5号		7.46		
18号		6.40		
3号	中密度组 200	9.06	7.84	73.9
17号		7.04		
20号		6.79		
4号	高密度组 250	10.58	9.4	74.7
16号		9.02		
19号		7.99		

　　考虑围格田块面积小，且当年投放蟹种时间已进入6月，蟹种平均规格为20 g/只。因此，在投放密度设计时比稻田养殖生产性试验进行了适当调降。收获时，测量3个密度田块（自低至高）成蟹，平均规格分别为86.5 g/只、73.9 g/只和74.7 g/只。规格100 g以上的成蟹比例低密度组高于高密度组。中密度组回捕率最高，为53.0%；低密度组回捕率最低，为45.2%；高密度组为50.3%。3个组之间差异略有差异，综合比较分析，常规稻田养殖成蟹，如果蟹种投放时间晚于6月初，建议亩投放密度不低于250只。

　　3. 问题分析与研究方向　　自然条件下河蟹喜水草丰富的清新水体，稻蟹种养需合理利用稻田浅水环境，因此在投放密度容量方面宜平衡规格与产量关系。稻田养殖成蟹回捕率一般在30%~50%，管理措施到位无病害发生的稻田回捕率可达到60%以上。但从生产实践得到的经验，河蟹规格大小与回捕率呈负相关。因此，养殖规格100 g/只以上的大规格河蟹更符合市场需求与效益最大化，不建议过高密度投放。另外，从现有技术与管理角度，仍存在稻蟹种养饵料系数偏高、河蟹病害多发导致成活率下降、大规格商品蟹比例偏低等问题，需要进一步针对病害综合防控技术加以研究。同时，在种植与养殖等综合农艺技术应用方面进行探索与实践，如侧深施肥、机械化投喂、生态功能、饲料开发等。

图6-2　稻田围格试验

第三节　养殖管理

一、水质管理

天津市水稻种植阶段水位应遵循——分蘖初期保持5~10 cm水层，分蘖中期、盛期保持10~15 cm水层，水稻拔节、孕穗、抽穗期保持10 cm左右水层，灌浆期间歇灌水，3~4 d灌水1次，水深10 cm左右，自然渗干，后水接前水。河蟹养殖离不开稻田水环境，且需要较深的水位来保持对温度、溶氧等重要理化指标的适应。河蟹对温度适应范围较大。1~35℃均能生存，但其对低温的适应能力较强，而对高温的适应能力较差。河蟹在30℃以上的水域中生活，为躲避高温，其穴居的比例大大提高；特别是蟹种，在30℃以上的水域中生长时间过长，容易产生性早熟。因此，根据水稻种植不同阶段的水位要求，分蘖浅晒田后（进入夏季高温阶段），稻田保持10~20 cm的水深，当水稻种植需要浅水位时，环沟应保持深水位以保证河蟹养殖需要。

环沟每半月加注新水1次，高温季节每3~5 d加注新水1次，保持水质清新和水位阶段性的稳定。养殖期间在满足水稻生长要求的条件下要勤换水，注意换水时间，避免换水前后水温变化过大对河蟹生长造成不良影响。稻田水位一般应保持在5~10 cm，随时观察水位水质变化，高温期稻田水位下降要及时补水、换水，当稻田水体流动性变差、水色发深、沟渠内出现绿膜、水质变老要及时换水。

二、投喂管理

河蟹的食性是以植物性为主的杂食性，其食物种类多样，包括植物性饵料：南瓜、煮熟的玉米、小麦等，水草以轮叶黑藻、金鱼藻、伊乐藻、苦草为宜；动物性饵料有螺、河蚌、鲜活杂鱼等；另外，河蟹专用的全价配合饲料营养均衡，质量有保障，是养殖中提倡使用的主要食物来源。

目前，国家大力推进水产绿色健康养殖，对饲料替代幼杂鱼有明确的政策导向和实践要求。因此，稻田养殖成蟹既要利用好稻田环境内的动植物饵料，也要结合河蟹不同生长阶段的需要，科学精准投喂饲料。

（一）饲料品种选择

养殖前期：河蟹专用配合饲料（粗蛋白32%左右），适量补充动物性饵料如螺蛳、河蚌等适宜的贝类以及枝角类等。

养殖中期：河蟹专用配合饲料（粗蛋白23%~30%），搭配水草、熟玉米等植物性饵料。

养殖后期：河蟹专用配合饲料（粗蛋白32%以上），搭配螺蛳、贝类等动物性饵料以及豆饼、煮熟的玉米等。

（二）投喂量

前期（4月—5月）：每天投喂1次，日投喂量占河蟹体重的5%~8%；

中期（6月—8月）：每天投喂1~2次，日投喂量占河蟹体重的3%~5%。根据河蟹昼伏夜出的生活习性，摄食旺盛的时间段在夜间。如果分两次投喂，早上投喂时间选在7:00—8:00，投喂量占全天投喂量的30%~40%，傍晚投喂时间选在19:00—20:00，投喂量占全天投喂量的60%~70%。

后期（8月下旬以后）：每天投喂1~2次，日投喂量占河蟹体重的3%~5%。

（三）投喂方式

投喂时沿着稻田环沟、田间沟均匀投喂，配合饲料撒放在浅水处，设置料盘观察投喂摄食情况，以2~3 h吃完为宜。根据河蟹摄食情况进行增减，既保证河蟹摄食充足，又做到不浪费、不坏水。如投喂动物性饵料，要切碎、洗净、消毒后投喂，投放到水边，吃不完及时捞出。养殖中期气温高，不提倡投喂杂鱼。

（四）注意事项

气压低的阴天或下雨天减量投喂；蜕壳期前后减量投喂或停喂，蟹大量蜕壳后及时恢复投喂，防止互相蚕食；河蟹入稻田后如发现有嗑食秧苗现象，及时增加投喂量；养殖中期控制动物性饵料投喂量，防止营养过量积累导致蟹早熟。

三、饲料要求

1. 配合饲料要保证蛋白质含量充足，氨基酸含量均衡 成蟹阶段饲料蛋白质需要量为32%左右。养殖前期和后期蛋白需求量高，中期略低。

2. 适量增加无机盐 适当增加一定量的无机盐添加剂（特别是钙和磷等），可以提高饲料利用率，进一步发挥饲料的营养价值。

3. 饲料黏合度良好 与鱼类吞食不同，虾蟹摄食方式均为抱食，且中华绒螯蟹食量大。摄食时利用两只螯足将饲料送入口器切割磨碎，后经胃内咀嚼器（胃磨）进一步咀嚼研磨进行消化。因此，中华绒螯蟹专用配合饲料要求具有较强的黏合性，在水中溶散时间须在2 h以上，以适应河蟹抱食的习性及摄食时间的要求。

4. 添加蜕壳素 河蟹生长过程中往往因体内缺乏蜕壳素而造成蜕壳不遂、生长停滞。因此，选购饲料时，应选择添加蜕壳素的配合饲料或者自主添加蜕壳素于饲料中，以便在河蟹蜕壳前达到必要的营养储备积累。

5. 专用配合饲料和天然饵料互相补充 目前河蟹等水产品种的专用配合饲料在营养组成、配比、制作工艺等方面已经十分成熟，而且广泛用于养殖生产。与此同时，水草、煮熟的玉米、豆饼以及适口性好的螺贝类等天然饵料，不仅含有河蟹生长需要的营养物质，而且还具有多种生物活性物质，其中有些组分是人工配合饲料目前不具备的。因此，河蟹不同生长阶段，以投喂人工配合饲料为主，并搭配投喂天然饵料，补充微量元素、无机盐等营养物质，促进河蟹正常蜕壳生长，提高饵料利用率同时有效降低成本。

四、日常管理

管理是决定养殖成功的关键要素，生产上经常说"三分养、七分管"，可见生产管理的重要性。稻田成蟹养殖，既有水稻的田间管理、又有河蟹的养殖管理。总体可以概括为做好 "六查、六勤"，即查河蟹活动是否正常，勤巡田；查是否缺氧，勤换水；查稻田中是否有敌害生物，勤清除；查田中是否有软壳蟹，勤保护；查是否患病，勤防治；查防逃设施，勤维修。

1. **河蟹异常活动情况的判断与处理** 河蟹的栖息方式分为隐居和穴居。通常在饵料丰富、水质良好、水位稳定、水草丰盈的开阔水域河蟹不打洞，以隐居为主；遇到外界环境条件不良，河蟹就会变隐居为穴居。当发现河蟹活动与摄食减少，稻田堤埂发现洞穴增多的现象，则应综合考虑气温、水温变化，在保证水稻正常生长要求的同时尽量加深水位，补换新水。高温期补换新水可采取傍晚放出高温水，夜间引进河道低温水等技术措施降低水温。如白天发现河蟹活动，爬至近岸，活力降低等现象，则需检测稻田溶解氧等水质理化指标、检查河蟹是否感染病害，主要通过换水、物理增氧等方式提高稻田水体溶解氧含量，并于稻田进排水干渠内使用氧化型或分解型底质改良剂，改善沟渠底部环境，减少病原生物的滋生。

2. **水稻田间管理与河蟹养殖** 水稻田间管理除了根据不同生长阶段进行水位调节外，施用追肥、植保防控水稻病害是生产过程中重要的环节。水稻追肥后，通常会引起稻田水体氨氮含量快速升高，短时间内对河蟹正常生长与活动造成不利的影响。2022—2023年，天津市水产研究所相关课题组曾经对宝坻区稻田成蟹养殖田块施肥后氨氮、亚硝酸盐氮进行检测，发现施肥后氨氮含量较正常水平升高4倍左右，且经过48 h后才恢复到正常水平。因此，施肥前后要避开河蟹集中蜕壳的敏感期，避免因水质突变导致蜕壳不遂或者蜕壳后的伤亡。另外，对于养殖河蟹的稻田，植保防控用药也要尽量避开蜕壳期，特别是如果不能判定水稻植保药物成分与性能是否对河蟹有影响，可采取药物浓度加倍后对河蟹进行充气浸浴48 h，如未出现死亡则判断该药物可安全使用。

3. **河蟹蜕壳期管理** 蟹种至成蟹养殖阶段通常要经历4~5次蜕壳，蜕壳关系到河蟹生长和增重。据成蟹饲养阶段测定，较蜕壳前，壳长增长22.1%，体重增长91.7%，后随肌肉组织的生长，体内含水量逐步下降。河蟹蜕壳具有以下特点：一是河蟹蜕壳要求浅水、弱光、安静和水质清新的环境，通常在水面下

5~10 cm处蜕壳；二是紫外线对蜕壳后软壳蟹的杀伤力很强，河蟹总选择晚间和水生植物的荫蔽下蜕壳，通常在半夜至8:00，黎明是高峰期；三是蜕壳前河蟹体色深，蟹壳呈黄褐色或黑褐色，腹甲水锈多，步足变硬；蜕壳后的河蟹体色淡，腹甲白，无水锈，步足软，12 h后壳才变硬；四是河蟹在蜕壳时以及蜕壳完成前不摄食；五是河蟹在蜕壳后体内吸收大量水分，蜕壳后其体重明显增加。

结合上述特点，蜕壳期的管理应注意：田面水位稳定在10 cm左右，集中蜕壳前引入清新的外源水，养殖水体溶解氧保持4 mg/L以上；集中蜕壳前7~10 d投喂添加蜕壳素的专用配合饲料，促进河蟹顺利蜕壳；蜕壳期前后减量投喂或停喂，蟹大量蜕壳结束后及时恢复投喂；注意清除稻田内凶猛性鱼类、蛙、鼠等敌害生物，同时也要及时驱赶稻田周边的水鸟，防止其对蜕壳期河蟹的捕食或伤害。

五、清洗育肥与收获

8月下旬至9月上旬，河蟹完成最后一次成熟蜕壳，一般增重80%~90%。将其集中到水质条件良好的暂养池或底质比较干净的排水渠中，做好防逃，进行集中储养清洗与育肥清洗净化可采用微流水冲洗48 h，清洗过程中不进行投喂（图6-3）。育肥投喂按照后期投喂管理进行。自行爬上岸的河蟹达到性成熟，人工捕获后有条件的可进行二次净化，提高品质。9月下旬至10月，根据河蟹集中育肥情况以及市场分批上市销售。

图6-3 集中清洗育肥

第四节 稻蟹综合种养效益分析

稻蟹综合种养模式：一是增加稻田农副水产品产出，提高单位面积稻田经济效益；二是可实现稻米、河蟹产品品质提升，实现产业多元融合，满足群众需求；三是稻蟹共作对土壤环境改善，控制病虫草害等具有积极促进作用。

一、经济效益

根据天津地区多年来开展稻田成蟹养殖的产出效益统计，收获成蟹平均规格一般为75~125 g，亩产量20 kg左右，销售价格按50元/kg，每亩河蟹总收入为1 000元。扣除每亩蟹种费100元、设施费100元、饲料费300元、其他费用100元，每亩养蟹稻田仅销售成蟹可获纯利润400元。同时，养蟹稻田水稻平均单产为550 kg，按单价3元/kg计，每亩稻谷总产值1 650元；水稻成本约1 450元/亩，每亩稻田可获纯利润200元。稻蟹亩均利润为600元（图6-4）。

图6-4 2023年收获

二、社会效益

发展稻蟹种养，能够实现合理利用稻田空间，在不破坏耕作层、不占用种植面积的基础上，水稻产量不减，同时提升单位面积耕地产出效益，提高稻、蟹等农产品品质，保障了粮食安全供给。另外，河蟹也是优质的动物蛋白源，其营养美味，深受百姓的喜欢，也是中秋、国庆乃至春节百姓餐桌上不可缺少的美食佳品，作为经济特色水产品丰富了市民的餐桌。再者，稻蟹种养模式具有多功能性，可以生态种植、养殖为依托，接二连三发展加工流通、休闲文旅等产业，使其与美食餐饮、民俗文化、农事体验、休闲娱乐、科普教育等业态充分融合，在供应优质水产品的同时，供应优美的生态产品，实现产业多元价值。

三、生态效益

有研究表明，与水稻单作相比，稻田养蟹的土壤理化性质指标中NH_4^+显著增加，同时 pH 降低，使得土壤团聚化程度增加，不易流失，改善了土壤质地；同时土壤中的总氮、总磷和含量都显著增加。在使用有机肥模式时，稻田空隙增多，总氮、总磷以及土壤有效态的金属离子（如Fe^{2+}、Mn^{2+}、Cu^{2+}和Zn^{2+}等）含量显著增加。对于水稻生长而言，土壤的理化性质有着决定性作用，营养物质的增加意味着在一定程度上可以减少化肥的施用，增加水稻产量。而且，稻蟹种养模式下水稻根系微生物多样性相较于单作稻田，在数量和种类上都显著增加，也有利于水稻增产。

稻蟹综合种养中化肥氮素输入量显著低于水稻单作系统，这说明稻蟹系统中水稻和河蟹之间的积极相互作用和营养物质互补利用有关，为水稻和河蟹的健康生长和绿色生态化提供了保障。河蟹可利用稻田杂草、浮游生物等作为食源，降低除草剂的使用率，减少了环境面源污染；同时稻田环境提供的天然饵料，减少了饲料投入，降低了成本。

水稻害虫在稻蟹共作期间也是呈现显著减少的趋势。一是因为稻蟹养殖会对稻田进行消毒，在一定程度上杀死了土壤中存在的病原菌和虫卵；二是蟹能捕捉水稻害虫，如稻飞虱、螟虫等，有数据表明与水稻单作田相比，稻蟹共作田中稻飞虱发生率降低 40%，纵卷叶螟发生率降低 50%，纹枯病发病率降低 92%；三是河蟹摄食田间杂草，破坏了害虫的栖息环境。

第五节　天津市稻蟹综合种养经济效益调查

2022年，天津市稻渔综合种养面积达到3.64万hm^2，主要分布在宝坻区和宁河区，以稻蟹（蟹种、成蟹）综合种养模式为主，约占71%。为了解天津市稻渔综合种养产业的经济效益情况，2022年，相关科技人员选取天津市宝坻区、宁河区部分开展稻成蟹、稻蟹种种养的场户进行调查，与水稻单作模式进行成本支出与收入比较，稻蟹综合种养模式的经济效益明显高于水稻单作模式，稻蟹综合种养模式更能抵御种养殖业风险，是农民增产增收的有效途径。

一、生产成本分析

天津地区种植一季粳稻，成本支出包括稻种（秧苗）、化肥、农药、稻田与稻田设施改造、人工、稻田租金、机械化作业、仓储、产品加工、营销费等；稻蟹综合种养模式的成本除水稻成本外，还包括河蟹苗种、饲料、防逃设施等。

稻蟹综合种养模式较水稻单作模式，总成本提高591.9~686.4元/亩，多出的成本主要为河蟹苗种及饲料支出，约占高出成本的50%。其他支出如稻蟹综合种养需要进行稻田工程改造，主要为稻田防逃设施的建设成本约60元/亩。因河蟹需要人工投喂以及捕捞，因此，人工费有所增加。稻田租金主要受市场调节，稻蟹综合种养模式的成功一定程度上推动了稻田租金的上涨。另外，稻蟹综合种养模式农药及化肥支出增加10~20元/亩。调查得知，稻蟹综合种养模式引入了新的生态位，河蟹粪便可肥田，提高土壤有机质含量，改善农田生态环境，可减少化肥的投入量，但开展稻渔综合种养殖的农户采用的肥料主要为大品牌的新产品，单价较高，因此，肥料成本并未降低。在水稻用药中，稻蟹综合种养模式为降低农药对河蟹的影响，采用高效低毒的农药、紫外杀菌灯、性诱剂等防控水稻病害，相较水稻单作模式，用药成本有所提高，但降低了农田面源污染，对食品质量安全及养殖环境的提升有着重要意义。

二、收入分析

调查得知，水稻单作模式的平均稻谷产量为675 kg/亩，稻蟹综合种养模式的平均稻谷产量为678.2 kg/亩。从水稻单作和稻蟹综合种养模式上看两者水稻产量基本持平。天津地区稻蟹综合种养模式绝大部分利用稻田原有的进排水渠，采用综合种养模式后水稻种植面积没有缩减，个别开挖环沟的养殖户，原有沟渠及新挖沟渠总占比严格控制不超过10%，对水稻种植面积及产量的影响较少。

调查水稻单作模式稻谷平均价格是2.61元/kg，稻蟹综合种养模式稻谷平均价格是2.91元/kg，稻蟹综合种养模式稻谷比水稻单作模式稻谷单价高0.3元/kg。主要原因是稻蟹综合种养稻田施用化肥少，用药更安全环保，销售商品时加持生态健康概念。另外，稻蟹综合种养模式经营主体商品自有品牌占比多，老百姓更愿意购买品牌商品，价格也有所上浮。

成蟹的收入与上市时商品规格、出售时间、销售方式、品牌效应和市场需求等有关，价格不统一；蟹种的销售主要与销售时间有关，春季蟹种销售价格比上一年秋季高80%以上。

三、单位面积利润分析

调查的水稻单作模式样本中有3家不同程度的亏损、3家盈利，种植风险占半，平均利润为65.2元/亩；稻蟹综合种养样本均盈利，平均利润为669.2元/亩。稻蟹综合种养模式收益明显高于水稻单作模式。稻蟹综合种养模式盈利主要是因为有经济价值较高的河蟹产出。

第七章

河蟹重要病害及防控

河蟹病害防控要以预防为主、综合防治。良好的水质是养殖成功的关键，将水质的各项指标控制在合理范围之内可以有效防止各类病害的发生。选购河蟹苗种时需尽量选择可靠的苗种供应商，可根据往年的养殖情况判断其抗病力、产量等，投放前进行病原检测，防止带病原体苗种进入池塘，从源头截断疾病传播途径。养殖过程中要控制合理养殖密度，选择优质饲料，进行科学管理。病害发生时找准病因对症下药，避免不当用药、频繁用药引起河蟹应激反应，以节约养殖成本并减少养殖风险。北方地区冬季蟹种集中越冬，春季气温回暖后需及时分塘降低密度。在稻蟹综合种养中，春季暂养蟹种应适时起捕投放，避免密度过高而诱发疾病。可根据实际条件增加暂养池微孔增氧等设施，提高水体溶解氧含量；同时适量投喂，既保证饲料充足又要防止投喂过多从而影响水质。

药物使用应符合《无公害食品　渔用药物使用准则》（NY 5071）、《水产养殖用药明白纸2022年1号、2号》等相关规定。放苗种前做好暂养池消毒，苗种入田前经过检疫和消毒，养殖期间做好河蟹常见病的防治。本章主要介绍了在稻蟹综合种养中河蟹几种重要病害及其防控方法。

第一节　河蟹螺原体病

河蟹螺原体病是唯一一种列入《一、二、三类动物疫病病种名录》的河蟹疫病，其发病率、死亡率非常高，严重的会出现绝产，损失极其惨重，是20世纪90年代出现的一种危害极大的河蟹病害。由于发病后期河蟹出现附肢颤抖症状故取名"颤抖病"，因为病蟹附肢环起，也称"环爪病"。

一、病原

中华绒螯蟹螺原体（*Spiroplasma eriocheiris*），归属于柔膜体纲虫原体目螺原体科螺原体属。具有个体小（可以滤过0.22 μm孔径滤膜）、会运动、有螺旋结构、无细胞壁、可以用人工培养基培养等特征。该病原侵染中华绒螯蟹淋巴细胞后在其内大量繁殖形成包涵体，该病原还广泛侵染中华绒螯蟹机体内所有器官（包括鳃、心脏、肝胰腺、肌肉、神经、消化道等）的结缔组织。螺原体侵染神经时，可以引起宿主附肢颤抖，最终导致被感染宿主死亡。

二、症状

河蟹外观症状表现为病蟹活力下降，行动迟缓，螯足握力减弱；吃食量减少或不吃食；步足呈间歇性痉挛状抖动，口吐白沫，不能爬行，有时可见病蟹步足收拢，缩于头胸部抱成一团，或撑开爪尖着地，若将步足拉直，松手后又立即缩回。解剖可见，腮排列不整齐，呈浅棕色甚至黑色；血淋巴液稀薄，凝固缓慢或不凝固。病蟹肝胰腺变性、坏死呈淡黄色，最后呈灰白色，背甲内有大量腹水，步足的肌肉萎缩水肿（图7-1）。

河蟹螺原体通过腮或体表（尤其在脱壳期）进入蟹体内。首先感染淋巴细胞，在其内大量增殖形成包涵体，导致细胞破裂，病原释放并随淋巴带至机体各器官的结缔组织中，形成系统性感染，最终导致河蟹死亡，尤其是神经系统和神经与肌肉细胞连接处的增殖导致河蟹附肢出现颤抖症状（图7-2）。

图7-1　患"颤抖病"的河蟹，发病后期附肢颤抖并呈现环爪症状（王文）

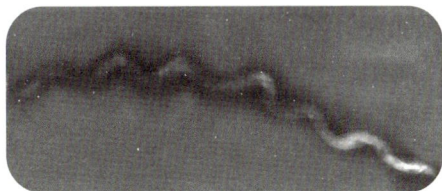

图7-2　河蟹螺原体电镜负染照片（显示典型的螺旋结构）（王文）

三、流行情况

我国各地河蟹养殖地区均有螺原体病发生，池塘、稻田、网围养殖中均有流行。该病流行期为4—10月，高峰期为7—9月，尤其是夏、秋两季19~28℃时最为流行。从体重3 g的蟹种至300多克的成蟹均可患病。发病率和死亡率都很高，严重地区发病率90%以上，死亡率可达70%，对中华绒螯蟹危害极大。除了中华绒螯蟹外，螺原体对克氏原螯虾、凡纳滨对虾、罗氏沼虾和日本沼虾等其他经济水生甲壳类动物也具有广泛侵染性。

四、诊断方法

根据螺原体主要侵染河蟹血淋巴细胞的特性，利用螺原体侵染血细胞后形成包涵体及病原体具运动性的特点，可在不染色的情况下直接镜检观察血淋巴片，能直观地发现病原体，对还未表现出典型症状的河蟹做早期感染判断，同时为分子生物学的检测结果提供验证方法。病原体分子生物学检测依据《中华绒螯蟹螺原体PCR检测方法》（SC / T 7220—2015）。

五、防控措施

稻蟹立体综合种养，河蟹螺原体病的防控，施用药物需要充分考虑对水稻的影响，同时由于河蟹无规律地分布在水稻之间，因此使用外用药效果不理想，螺原体病的预防就显得格外重要，可采取以下预防措施。

（1）由于中华绒螯蟹螺原体可在不同水生甲壳动物之间交叉感染和传播，需要加强苗种检疫，选用不携带螺原体病原的优质蟹苗，杜绝从发病区选购苗种。

（2）农闲时节清除稻田进排水沟、河蟹暂养池和育肥池中过多淤泥，充分晾晒，苗种投放前进行清塘和消毒；对水源、养殖设施、引进蟹苗和投喂饲料进行严格消毒，弃掉运输过程中损伤的蟹苗。

（3）投喂优质饵料，饲料中添加免疫增强剂（中草药、多糖类）增强蟹体免疫力。

（4）保持水质优良且稳定等可降低感染率。

有体外药敏试验研究显示，螺原体对氟苯尼考较为敏感，其最小抑菌浓度（MIC）和最小杀菌浓度（MBC）分别为0.16 mg/L和2.5 mg/L，且药物的安全使用剂量远大于其MIC和MBC，药物治疗效果显著。河蟹发病时，养殖边沟或池塘可全池泼洒稀戊二醛溶液（水产用），连用2 d；第3天，全池泼洒维生素C钠粉（水产用）一次，同时打开增氧机或使用增氧产品防止缺氧；拌饲投喂氟苯尼考粉、三黄散（水产用）等，连用5~7 d为一个疗程。平时注意日常管理，对于出现较严重病症的河蟹要及时捞除，防止出现大规模的传染扩散。

第二节　河蟹"牛奶病"

近年来在天津、河北、东北等地区发生的河蟹"牛奶病"给河蟹养殖业造成了重大危害。本节主要简要总结了天津地区河蟹"牛奶病"防控要点，该病相关研究的详细情况见第八章。

一、病原

二尖梅奇酵母（*Metschnikowia bicuspidata*）（图7-3）。

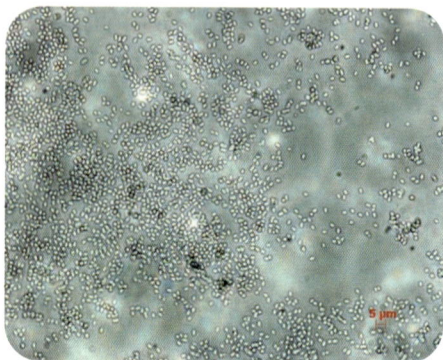

图7-3　"牛奶病"二尖梅奇酵母显微观察

二、症状

病蟹活动力弱，不食，附肢基部与身体连接处、附肢关节处常呈乳白色，折断可见白色乳液流出，打开蟹壳内部亦充满牛奶状液体，高倍镜显微观察可见大量酵母菌（图7-4）。

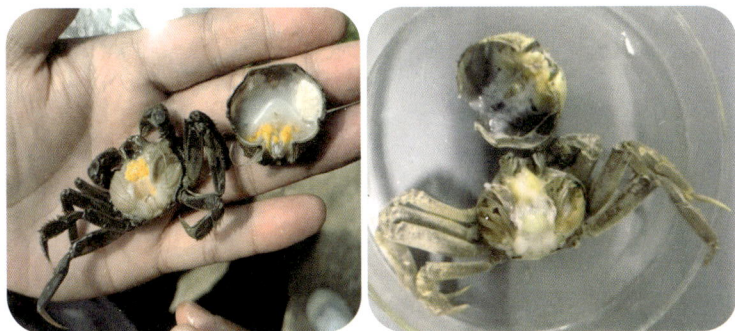

图7-4 河蟹"牛奶病"症状

三、流行情况

该病属于低温性疾病，一般在当年10月至翌年5月越冬前后蟹种或亲蟹出现发病，夏季温度升高后少见该病发生。

四、防控方法

采取预防为主，重点从蟹种越冬前后和春季暂养期间，加强蟹种养殖管理综合防控河蟹"牛奶病"。近几年，天津地区稻蟹综合种养中河蟹"牛奶病"防控要点简要总结如下。

1. 暂养池消毒 非越冬暂养池，秋冬可排干池水，晒塘冻土。春季放养前两周，采用生石灰带水消毒，水深10 cm生石灰用量为每亩75~100 kg，减少二尖梅奇酵母的滋生。

2. 移植水草 有条件的暂养池移植水草，利于蟹种的栖息、隐蔽、摄食、生长和蜕壳。水草种类选择适宜本地存活种类，如沉水植物菹草、苦草、轮叶黑藻、金鱼藻、伊乐藻等，漂浮植物浮萍、凤眼莲、大浮萍等。

3. 蟹种选择 尽量选择本地培育的体质健壮、活力敏捷、无病无伤、附肢完整、规格整齐且检疫合格的蟹种。做好抽查，防止购买到感染此类疾病的蟹种。亦可送专业检测机构进行河蟹"牛奶病"检测。

4. 蟹种消毒 蟹种用池水浸湿2 min后取出5~10 min，重复3次（俗称回水）。再用3%~5%的食盐水浸浴3~5 min，或10~20 mg/L高锰酸钾浸浴10 min。

5. 水质调控 定期监测池水溶氧和亚硝酸盐氮，当溶氧量低于3 mg/L或亚硝酸盐氮高于0.2 mg/L时需要及时换水。没换水条件的可水体消毒、使用微生态制剂、增设增氧机等。

6. 投喂管理

（1）饲料种类 植物性饲料：可根据实际条件选择豆饼、花生饼、玉米、大豆、小麦、各种水草等，在天津本地较多使用煮熟的玉米投喂。动物性饲料：小杂鱼、螺蛳、肉糜等。配合饲料可选择符合河蟹生长营养需要和按SC/T 1078规定制成的颗粒饲料。

（2）越冬前后加强投喂，增强体质　外购蟹种入暂养池后应立即投喂，暂养期间以投喂优质全价配合饲料（蛋白含量约36%）为主，并添加河蟹专用免疫增强剂。或者拌料投喂保肝药物，适量添加多维、免疫多糖、有益菌等增强河蟹体质。在蟹种集中蜕壳时，可在饲料中添加脱壳素等以促进顺利蜕壳。

秋季要加强投喂保证蟹种顺利越冬。春季随着气温升高，暂养池中蟹种每天早晚各投喂1次，日投喂量为蟹总重的5%~8%。根据蟹种摄食情况灵活调整，喂饱喂足，确保蟹种在暂养池中至少脱1次壳。脱壳前后及脱壳期减少投喂量。

7. 蟹种投放稻田时间选择

（1）插秧前投放蟹种　根据不同生产条件，蟹种不采取前期集中暂养，在耙地泡田后，水稻插秧前将蟹种直接投放入稻田。利用稻田中天然饲料，满足蟹种前期摄食生长需要。随着气温的升高和稻田中天然饵料的减少，逐步增加配合饲料、熟玉米等饲料的投喂量，促进河蟹的脱壳生长。实践证明提前放蟹后，稻田插秧等操作不会对蟹种成活和生长造成影响。

（2）插秧后投放蟹种　如果能确保有充足的优质苗种，可以取消蟹种暂养，待5月下旬水稻分蘖后，直接放入稻田。

8. 加强日常管理　每日早晚巡塘观察河蟹活动、摄食情况，蜕壳生长情况，水质变化等。发现病死蟹及时捞出，在远离种养殖区挖坑加生石灰深埋无害化处理，杜绝扔在塘边，否则会造成二次污染。强化暂养池改底改水措施，可用过硫酸氢钾底改片改底，增加换水消毒，投喂乳酸菌、丁酸梭菌等有益菌。

第三节　河蟹固着类纤毛虫病

河蟹固着类纤毛虫病为河蟹养殖中常见寄生虫病，主要影响商品价值。少量固着时一般危害不大，当水中有机质含量多、换水量少时，该虫大量繁殖可引起死亡。

一、病原

主要是累枝虫，还可有钟形虫、聚缩虫、单缩虫等。用显微镜可以观察到倒置如钟形或杯状的虫体成串聚集在蟹体感染部位，这些虫的尾端吸附于蟹体（图7-5、图7-6）。

图7-5　蟹苗体表和附肢上的聚缩虫

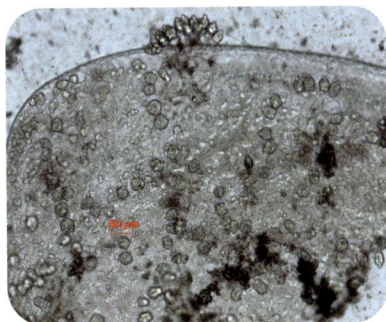
图7-6　扣蟹鳃上的累枝虫

二、症状

固着类纤毛虫主要感染部位是河蟹鳃部、头胸甲、腹部以及4对步足。病情初起时，河蟹体表、螯、附肢上附有一层绒状物，离开水面即不明显，手触有滑腻感。病情严重时，蟹体似披上绒衣、呈灰色，对于外界刺激反应力较弱，行动缓慢，摄食能力下降。

三、流行情况

该疾病在5—9月均有发生，在水温18~20℃时较为严重。水体过肥，水中有机质含量过多的水中容易感染，其传播是靠端毛轮幼虫进行。全国各地都有发生，对蟹的幼体危害较大，影响发育，特别是影响蜕壳，严重者死亡。此病主要是因为池底污泥多，投饵量过大，放养密度过大，水质污浊，水体交换不良等条件引起的。此病与河蟹或其幼体生长发育速度关系很大，若发育迟缓不能及时蜕壳，就可能大量发病，反之如果饲料质优量足，环境条件适宜，蟹生长发育正常及时蜕壳，即便有少量虫体附着，也可随着蜕壳时蜕掉，不至于引起疾病。

四、诊断方法

从外观症状基本可以初诊，但确诊必须剪取一点鳃或从体表刮取一些附着物做成水浸片，在显微镜下看到虫体。患病幼体可以用整体做水浸片进行镜检。

五、防治方法

1.预防措施

（1）保持水质清洁是最有效的预防措施。在放养以前尽量清除池底污物，并彻底消毒；放养后经常换水；适量投饵，尽可能避免过多的残饵沉积在水底。

（2）育苗用水除采取严格的砂滤和网滤外，可用20~30 mg/L浓度的含氯石灰（水产用）处理。

（3）卤虫卵用含氯石灰或戊二醛溶液消毒处理，冲洗干净至无味后入池孵化。育苗期投喂卤虫幼虫时，可先镜检，发现有固着类纤毛虫附生时，可用50~60℃的热水将卤虫浸泡5 min左右，纤毛虫被杀死后再投喂。

（4）投喂的饲料要营养丰富，数量适宜；尽量创造优良的环境条件，如经常换水，改善水质，控制适宜的水温等，以加速幼蟹生长发育，促使其及时蜕皮。

2. 治疗方法　如果河蟹或其幼体上共栖的纤毛虫数量不多时，不必治疗，只要按上述预防措施促使其生长发育和蜕皮就会自然痊愈。对于河蟹幼体的固着类纤毛虫病，除了改善饵料、加大换水量、调整好适宜水温促进幼体蜕皮外尚无理想的治疗方法。

第四节　蟹奴病

蟹奴病是由蟹奴寄生于蟹体腹部引起，该病不会引起河蟹大量死亡，但会导致河蟹生长缓慢、性腺不发育。被寄生的蟹食用时有刺鼻难闻的臭气，无法上市销售，给养殖户造成巨大经济损失。

一、病原

蟹奴是一种寄生性甲壳动物，动物分类学上隶属于节肢动物门颚足纲蔓足目蟹奴科蟹奴属。蟹奴是寄生在河蟹腹部的1种寄生虫，体扁平，长2~5 mm、厚约1 mm，乳白色或半透明颗粒状，吸收河蟹腹中的营养，使腹部不能盖合复原。蟹奴在形态上为高度特化了的寄生甲壳类。成虫已经完全失去了甲壳类的特征。

蟹奴虫体分为2个部分：一部分露在宿主体外呈囊状，肉眼可见，以小柄系于宿主蟹腹部基部的腹面，所以也叫蟹荷包；体内充满了雌雄两性生殖器官，其他器官包括体外的所有附肢均已完全退化。另一部分为根状突起细管，深入宿主体内，蟹奴用这些突起吸收宿主体内的营养（图7-7）。

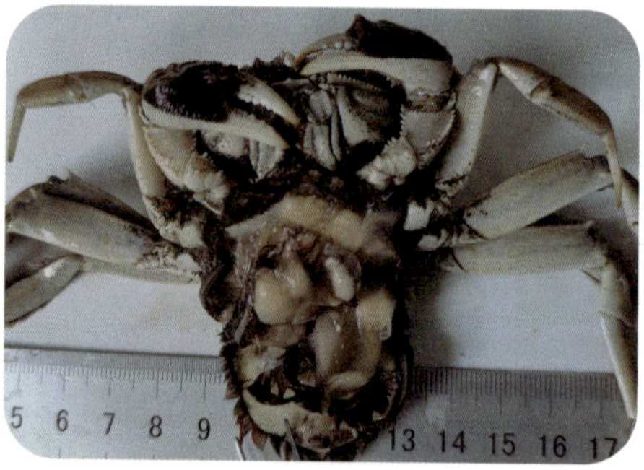

蟹奴在盐度10以上的咸淡水中极易繁殖，蟹奴幼体时期可以自由活动，此时应当做好预防措施。

图7-7　患蟹奴病的河蟹

二、症状

患有该疾病的螃蟹腹部臃肿，打开可见乳白色或半透明状的虫体寄生，外表坚硬，被感染的雄蟹蟹脐肿大，从脐部无法辨别其雌雄。

蟹奴病的外部症状主要是附着在腹部腹面的囊状部分。蟹奴的囊状部分外露以后，宿主就不能再蜕皮，所以严重阻碍宿主蟹的生长发育，一般不能长到商品规格。蟹奴突起深入宿主组织中吸收宿主的营养，破坏宿主肝脏、结缔组织、神经系统等，还影响生殖腺的发育和激素分泌，使雌雄蟹第二性征区别不明显。病蟹生殖腺发育缓慢或完全萎缩，不能进行繁殖。

三、流行情况

蟹奴类在世界分布地区广泛，种类多，能侵害包括河蟹的许多种蟹类，有时感染率比较高。蟹奴病出现在每年6—9月，8月时最为明显。蟹奴病在天津市养殖河蟹中也有发现。

四、诊断方法

掀开蟹的腹部，在腹部内侧白色或半透明颗粒状的蟹奴，肉眼可见。

五、防治方法

在选择苗种时，如有发现蟹奴感染蟹应及时挑出并进行消毒处理；放养蟹苗蟹种之前用漂白粉、敌百虫等彻底清塘消毒，杀灭水体蟹奴幼虫；巡田时经常检查蟹体及早发现病害；对有发病预兆的稻田，彻底更换新水；在蟹池或稻田中放养一些鱼类抑制蟹奴幼体的数量。

第五节 河蟹细菌性疾病

细菌病原是河蟹养殖高发的微生物性病原，可导致烂鳃病、水肿病、弧菌病和肠炎病等疾病。据统计，河蟹细菌病的发病率在2.36%~3.84%，发病区域病死率在1.59%~3.91%。可见，河蟹细菌性疾病属于常见的、低死亡性的养殖病害。预防细菌病主要方式包括：放养蟹苗之前要彻底清塘，适当减少池底淤泥厚度，防止病原菌残留；在放养、捕捞、运输中途尽量避免蟹体受伤，如有受伤要采取消毒措施；育苗池和育苗的工具应当消毒后使用；养殖过程中及时调水换水，保证水质清新，补充光合细菌等有益菌种。

一、黑鳃病

1. 病因 环境条件恶化是发病的主要原因。饲养中因稻田周围或池边浅水区残余饲料沉积过多，引起变质腐烂发黑变臭，从而使有害菌类大量繁殖，导致鳃部感染（图7-8）。

2. 症状及流行情况 患病蟹鳃部暗灰色或黑色，并伴有烂鳃现象发生。病蟹由于鳃部感染无法正常呼吸，往往出现行动迟钝、口吐泡沫的现象，常称其"叹气病"。发病时间主要在7—9月，多发生在成蟹养殖后期。当水质恶化，特别是水中有机质含量较高时，易暴发此病（图7-9）。

3. 防治方法

（1）选择优质苗种进行养殖，下塘前做好消毒工作。

（2）日常养殖过程中定时检查螃蟹吃料情况，视情况投喂饵料，每天清除残余饲料。

（3）在高温期间定期监测水质各项指标，注意更换新水改善水质，保证水质清新。

（4）疾病发生时，首先检查鳃丝是否存在寄生虫，有虫时先杀虫。拌料投喂适量抗菌药物。

（5）定期使用含氯石灰进行养殖水体消毒。

图7-8 黑鳃病

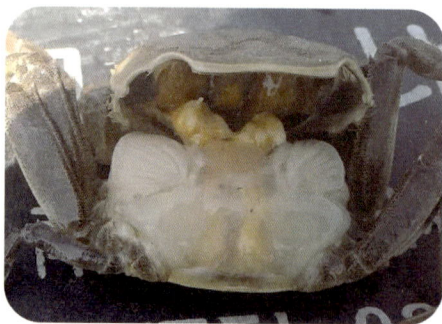

图7-9 水肿病

二、水肿病

1. 病因 水肿病主要是河蟹腹部受到损伤，从而被细菌感染所致。

2. 症状 病蟹腹部、腹脐及背壳下方出现肿大，严重时呈透明状，肛门附近红肿。

3. 防治措施 ①在河蟹养殖过程中，保证水质清新，多种植水生植物，以便螃蟹在蜕壳期躲避天敌，避免惊扰；②保证投喂饵料新鲜，及时清除残饵；③定期使用溴氯海因粉（水产用）泼洒消毒，浓度为0.3~0.5 mg/L；④当出现水肿病时，拌料投喂抗菌药物，7 d为1个疗程。

三、甲壳溃疡病

甲壳溃疡病又称腐壳病、锈病。

1. **病因** 主要是螃蟹在养殖或者运输路途中足部尖端或壳面受到损伤，未及时处理感染病菌引起。

2. **症状** 足部患病处呈黑色腐烂，背部和腹部轻者出现白色斑点，斑点中心凹陷，重者出现黑色溃疡并且可见其内部肌肉或组织，不久后出现死亡现象。有些病蟹甲壳出现棕色、红棕色点状病斑，斑点逐步发展连成块，中心部位溃疡，边缘呈黑色。

3. **防治方法**

（1）稻田养殖河蟹在进排水口加装隔离网，防止进入敌害生物对其造成伤害。

（2）蟹种在捕捉、运输、放养过程中做到轻拿轻放，防止出现人为损伤。

（3）当出现病害时，要降低稻田水位，边沟等养殖水体泼洒含氯石灰进行消毒，并使用磺胺类药物拌料治疗，一般5 d为1个疗程。

（4）当患病蟹较少时可使用5%~10%的食盐水浸泡病蟹3~5 min，7 d左右病情可明显改善。

（5）夏季定期加注新水，以保证水体清洁。

第六节　其他疾病

一、水霉病

1. **病原** 河蟹水霉病与其他淡水鱼类所感染的病原大致相同，都是水霉菌或者绵霉菌感染所致。河蟹在运输、捕捞、放养过程中造成机械性损伤，若未及时消毒处理易造成霉菌入侵。

2. **症状与流行** 感染的河蟹体表出现大量灰白色棉毛状菌丝，伤口处更为明显，行动迟缓，最终因伤口无法愈合而死亡。水霉病一般暴发于淡水池塘，具有广温性和强感染性，病菌在5~26℃均可以生长繁殖，凡是受伤的鱼虾蟹等水产养殖品种都极易感染。

3. **防治措施** 放养、捕捞、运输过程中避免河蟹受伤，以防霉菌感染受伤部位。放养之前对池塘彻底清塘消毒，避免病原菌残留。饲养阶段使用新鲜饵料，适当添加动物性饵料增强河蟹体质；适当增加河蟹饲料投喂量，减少因食物不足同类打斗而产生的伤害。如发现感染水霉病的螃蟹及时挑出，用3%~5%的食盐水浸泡5 min，再在伤口处涂抹碘液。

二、河蟹肝胰脏坏死综合征

在2015年、2016年暴发流行了一种俗称河蟹"水瘪子"的病害（命名为：河蟹肝胰脏坏死综合征），其中江苏省泰州兴化地区"水瘪子"严重时有超过80%的池塘发病，而天津等北方地区稻田养殖河蟹中暂未发现有该病发生。

1. 发病原因 目前其病因还未明确。普遍认为养殖水环境恶化、药物及重金属离子蓄积、水质指标超标、养殖管理不善等原因会造成河蟹体质差、肝胰腺受损，免疫力下降等容易诱发该病。或者在养殖过程中由于低温寡照天气较长，水生植物光合作用下降，水体中有害菌大量繁殖，水质和底质差导致有害物质滋生，也易诱发水瘪子病。

2. 防控措施 使用水产用保肝中草药配合虾青素内服，逐步修复受伤的肝组织，提高河蟹抗病力及抗应激能力。投喂全价配合饲料，定期添加胆汁酸等提高饲料利用率，减少对水环境的污染，增强河蟹免疫力。定期使用水质和底质改良剂，改善养殖环境。

三、蜕壳不遂病

蜕壳不遂病是河蟹的一种常见疾病，多发生于幼蟹时期，但个体较大的螃蟹在受到干露胁迫后也容易发生该疾病。河蟹等甲壳类动物通过蜕壳来实现生长，每一次蜕壳，蟹体都要长大一些，蜕壳不成即蜕壳不遂病。

1. 病因 蜕壳不遂病主要是营养不良造成。若饲料营养元素搭配不合理，导致河蟹主要从饲料中获得的钙、铁、磷等元素缺乏，就会造成营养不良，壳长不好而蜕壳困难。在运输或放养过程中受伤感染。水质恶化，如污染的水源或溶氧不足也会使河蟹不能顺利蜕壳而死亡。

2. 症状与流行情况 病蟹一般周身发黑，病蟹头胸甲后缘与腹部之间出现裂口。这个裂口有的会逐渐变大，有的则不会变大，老壳张不开，无力退去老壳直至死亡，也有的蜕壳后不久死亡。发病时间多在7—8月，幼蟹或二龄成蟹养殖后期易发生此病，离水时间较长的河蟹也易发病。

3. 防治措施 在河蟹养殖过程中，要特别注意科学化管理。

（1）选择营养搭配合理优质饲料投喂。在饲料中添加适量蜕壳素或鱼粉、骨粉，增加动物性饲料比例，保证饲料营养丰富，新鲜适口。发病时也可以拌饵饲喂"蜕壳促长散"，连用5~7 d。

（2）养殖过程中及时补充钙质。在水温适宜河蟹生长期，注意在养殖水体增施含钙肥，提高水中钙离子浓度，可以有效避免河蟹缺钙。

（3）维持良好养殖环境。夏秋高温季节，要经常加注新水，清除养殖沟底部的淤泥。饲养期间20 d左右用一次生石灰溶化后向边沟或池中泼洒，确保水质优良。河蟹前期饲养，饲料中添加的豆粕等高蛋白质物质要适量，避免营养物质过多导致河蟹过肥，不容易蜕壳。

四、软壳病

1. 病因　河蟹通过鳃从水中吸收钙，磷从饵料中获得，吸收的钙和磷的比例满足要求才能健康成长。如果饵料中动物性饲料不足，维生素D含量不足，就容易导致河蟹缺钙而得软骨病。再有，如果养殖季节天气长期阴雨连绵，河蟹得不到充足的阳光照射，也容易得软壳病。

2. 临床症状　河蟹老壳脱落后，新壳形状不端正，表面不平整，手触摸背壳软软的似软皮鸡蛋感觉，很久不能硬化。河蟹食欲降低，生长缓慢，特别容易遭受到天敌的侵袭而导致死亡。

3. 防治措施
（1）用含氯石灰全池泼洒，泼洒后每升池水含氯石灰的含量在20~30 mg。
（2）提高饲料中动物性饲料的比例。例如，可以在饲料中适当加一些鱼粉，也可以适量添加一些食盐。

五、青泥苔病

1. 病因　丝状藻类又称青泥苔，是水绵、双星藻和转板藻的总称。春季随着水温的上升，丝状藻类在一些水质较差的稻田浅水处萌发，长成一缕缕绿色细丝，附着在池底或像网一样悬浮在水中。该病常发生在春季和夏初。

2. 症状　丝状藻类附着于蟹的颊部、额部、步足基关节处及鳃上，当丝状藻与聚缩虫等丛生在一起时，就会在蟹体表面形成一层绿色或黄绿色棉花状的绒毛，导致蟹活动困难，摄食减少，严重时可堵塞蟹的出水孔，引起窒息死亡。

3. 防治方法　人工捞除，一般用耙子或抄网等简单工具即可捞除，对水质与河蟹养殖没有影响。选择高效且对水稻和河蟹生长影响不大的药物清除。用药会使青苔大量死亡腐烂影响水质和底质，可通过加换新水等保证水体质量。

第八章

河蟹『牛奶病』相关研究

　　河蟹"牛奶病"是近年来华北、东北及华东地区养殖河蟹的主要病害。该病于2018年10月首次在辽宁盘锦地区养殖成蟹中发生，2019年4月在该地区养殖蟹种中发生，估计总体发病率为30%。2020年之后，发病规模进一步扩大，江西、河北、天津、吉林、黑龙江、江苏等地购自辽宁盘锦区的蟹种陆续发病，死亡率在50%~100%。山东地区养殖的蟹种，也出现"牛奶病"，发病严重。河蟹"牛奶病"对黄河以北地区的河蟹养殖业造成了重大危害，防控形势严峻。该病病原为二尖梅奇酵母（*Metschnikowia bicuspidata*），可通过水流及摄食等方式感染健康河蟹，造成病蟹活力减弱、不食、行动迟缓，步足易脱落，拨开病蟹外壳，蟹围心腔内蓄积大量牛奶状液体，因此称之为"牛奶病"。目前尚未有报道证实该病原存在垂直传播。

　　华北地区河蟹"牛奶病"发病时间主要为3—6月，发病个体主要为越冬后的蟹种及亲蟹。目前，有关河蟹"牛奶病"的感染机制、致病机理等尚不明确，尚无可用的有效渔药，缺乏有效防控措施，引发的疾病严重制约着河蟹产业的健康发展。

第一节　河蟹"牛奶病"病原

　　国内外关于中华绒螯蟹病害的研究报道不多，多集中在中华绒螯蟹肝胰腺坏死综合征以及河蟹"颤抖病"，其中河蟹"颤抖病"病原为中华绒螯蟹螺原体（*Spiroplasma eriocheiris* sp.）。河蟹"牛奶病"为新发疾病，病症与许文军、王印庚、黄增荣等报道的三疣梭子蟹（*Portunus trituberculatus*）"牛奶病""乳化病"较为相似。许文军等从患病梭子蟹体内分离到一种酵母菌，通过生化特性分析将其鉴定为假丝酵母（*Candida oleophila*），证实其为梭子蟹肌肉"乳化病"的病原。史海东等认为，冬季暂养期间梭子蟹"牛奶病"的病原为假丝酵母，但8—10月高水温期间梭子蟹"牛奶病"的病原则为血卵涡鞭虫（*Hematodinium* sp.），这与王印庚等的报道一致，同时王印庚等还报道了一种由微孢子虫引起梭子蟹肌肉白浊病（也称"牙膏病"）。黄增荣从患"牛奶病"的梭子蟹体内分离到溶藻弧菌（*Vibrio alginolyticus*）、哈维氏弧菌（*V. harveyi*）、恶臭假单胞菌（*Pseudomonas putida*），人工感染试验证实3株菌均对三疣梭子蟹有明显的致病作用。王国良等则认为，溶藻弧菌和葡萄牙假丝酵母（*Candida lusitaniae*）为梭子蟹肌肉"乳化病"的病原菌，其中溶藻弧菌为引起梭子蟹死亡的主致病病原，葡萄牙假丝酵母为继发感染引起梭子蟹出现牛奶样病变的病原。

　　2020年10月，马红丽等首次报道了辽宁地区的河蟹"牛奶病"，从病蟹体内分离到病原菌，通过浸浴感染试验证实其对河蟹的致病性，病原菌经18S rRNA序列分析及部分生理生化特性鉴定为二尖梅奇酵母（*Metschnikowia bicuspidata*）。

Bao等于2021年报道了辽宁地区的河蟹 "牛奶病",通过注射感染试验证实其对河蟹的致病性,病原菌经26S rRNA基因序列分析鉴定为二尖梅奇酵母,并观察了病蟹心脏、鳃及肌肉的组织病理变化。徐晓丽等也从天津地区患病河蟹中分离到该病原,对病原的生物学特性及18S rRNA基因等序列进行了分析,鉴定为二尖梅奇酵母。

一、河蟹 "牛奶病" 典型症状

患病河蟹不食,活动力差,对外界刺激反应慢或基本无反应,步足散开僵直,螯足不再紧贴于身体前缘,行动缓慢,步足关节膜处呈白色,切断步足,断口处有乳白色液体流出。打开蟹盖,围心腔内蓄有大量白色乳液(图8-1b),因此,养殖户称之为 "牛奶病"。河蟹肝胰腺呈鲜黄色,三角瓣及心脏呈乳白色,部分河蟹鳃丝变黑,鳃水浸片发现鳃黏液中有大量病原菌,鳃丝排列混乱,已无正常的鳃结构。肝胰腺、心脏等组织的水浸片镜检也发现大量病原菌,河蟹围心腔内白色乳液涂片观察未见寄生虫,可见大量病原菌,行出芽生殖,单个或成簇存在(图8-2a)。血淋巴也由蓝色变为乳白色(图8-2b),镜检发现河蟹血细胞数量极少,视野中均为病原菌。各组织镜检均未发现孢子虫及血卵涡鞭虫。

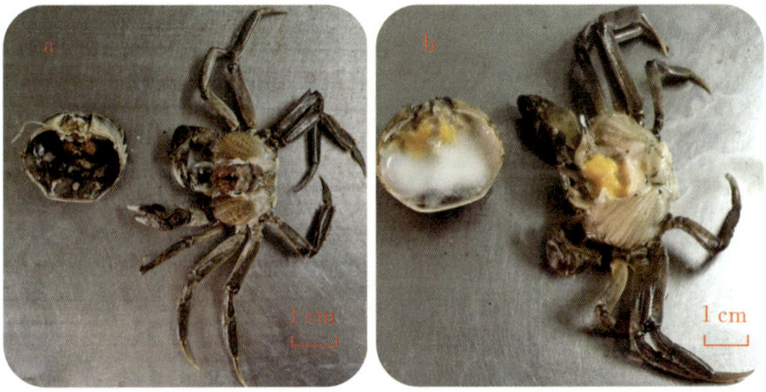

图8-1 对照组正常蟹(a)与发病蟹(b)的解剖照片

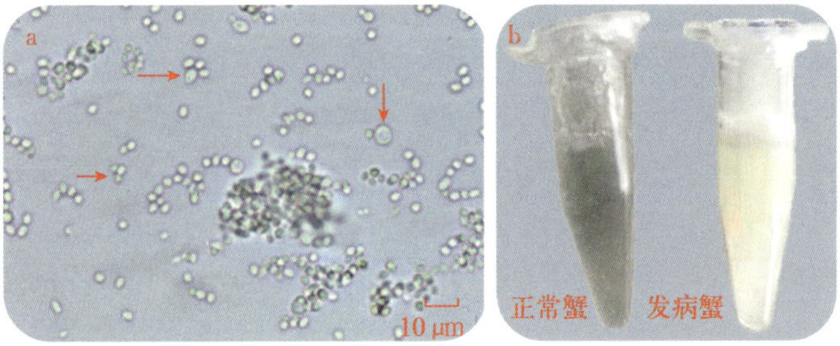

图8-2 河蟹围心腔内白色乳液涂片(a)与血淋巴(b)

二、患病河蟹各阶段临床症状

刘建男（2022）通过对注射二尖梅奇酵母后的中华绒螯蟹进行持续性的解剖学观察发现，中华绒螯蟹"牛奶病"的发病过程分为无症状感染期、症状形成期和显著液化期3个阶段（图8-3）。

1. 无症状感染期 中华绒螯蟹注射二尖梅奇酵母后4 d内，肉眼观察感染酵母的河蟹无明显临床症状。

2. 症状形成期 从注射酵母后的第5天起河蟹的各个组织仍无明显的异常，仔细观察可发现，解剖所使用的剪刀会沾有少量牛奶状液体。从第7天开始河蟹头胸甲腔中的牛奶状液体增多，鳃组织开始浑浊发白。

3. 显著液化期 从注射酵母的第10天开始河蟹的患病症状已经非常明显，此时河蟹头胸甲腔中蓄积大量牛奶状液，鳃组织变白，心脏及肌肉组织浑浊，肝胰腺组织易散、颜色变浅。

图8-3 感染二尖梅奇酵母后中华绒螯蟹各阶段临床症状

（从左至右，无症状感染期：河蟹肉眼观察无明显的临床症状；症状形成期：河蟹头胸甲腔中逐步出现牛奶状液体（白色箭头）；显著液化期：此时河蟹头胸甲腔中蓄积大量牛奶状液体（红色箭头）、鳃组织变白、心脏及肌肉组织浑浊、肝胰腺组织颜色变浅）

三、病原的分离鉴定

（一）菌体形态与生化特性

1. 菌落特征 无菌条件下从病蟹肝胰腺、白色乳液中接菌，分别划线接种于BHI培养基、孟加拉红培养基、TCBS培养基，28℃培养24 h，均无菌落生长，48 h后三种培养基上均出现大量形态一致的乳白色、圆形菌落，菌落湿润、边缘光滑（图8-4a、b），挑取优势单菌落进一步纯化，编码JMB-1。

2. 菌体形态 挑取JMB-1单菌落于YPD液体培养基中，28℃培养48 h后培养液表面有菌膜，底部有白色菌体沉淀。滴片后革兰氏染色，显微镜下可见大量形态一致的、深蓝色圆形或卵圆形菌体，直径为3~7 μm，细胞大多单个存在，多边芽殖（图8-4c）。

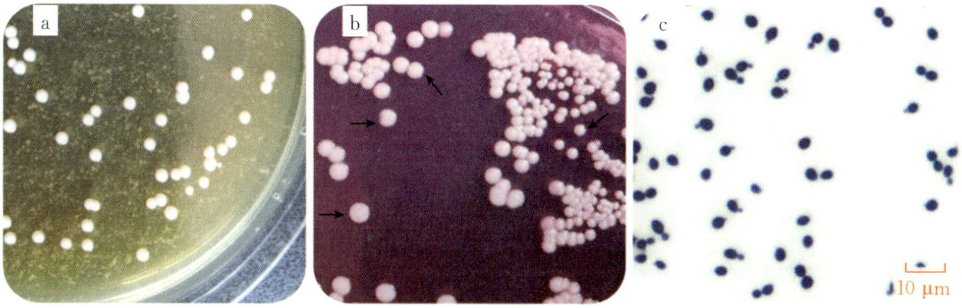

图8-4　病原酵母JMB-1的菌落（a，b）及菌体形态（c）

采用扫描电镜观察患病河蟹的肝胰腺和肌肉组织，结果显示患病河蟹的肝胰腺、肌肉组织间隙中均存在大量单一的、出芽生殖的病原菌（图8-5、图8-6），尤其是肝胰腺，几乎遍布整个组织，肌肉中病原菌主要存在于肌间隙及肌丝断裂处，部分正在进行出芽生殖（图8-6）。

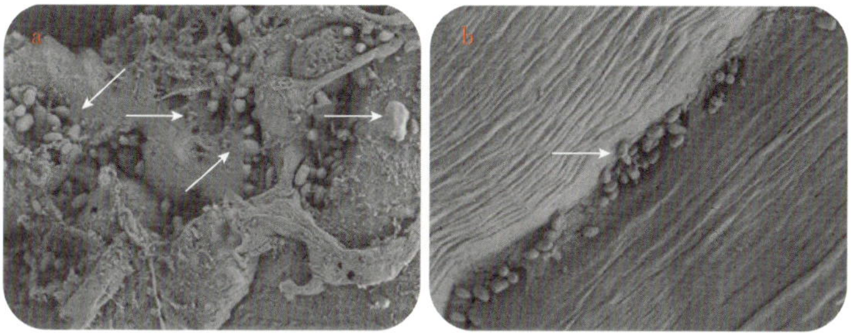

图8-5　患"牛奶病"中华绒螯蟹肝胰腺（a）和肌肉（b）的扫描电镜

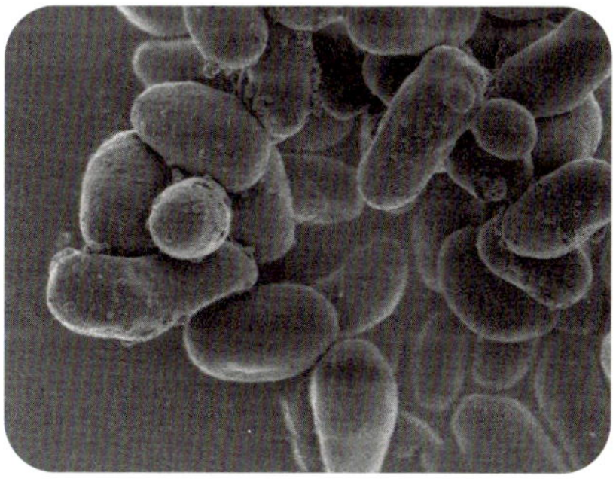

图8-6　二尖梅奇酵母的扫描电镜形态（申洪彬，2020）

3. 生化特性　菌株JMB-1生化指标检测结果见表8-1，不利用硝酸盐、柠檬酸盐，能利用硫酸铵，不能水解尿素，重氮基蓝B（DBB）反应阴性。该菌的生理生化特征参照《酵母菌的特征与鉴定手册》，与二尖梅奇酵母（*Metschnikowia bicuspidata*）较为接近。

表8-1 菌株JMB-1与二尖梅奇酵母生化特征的比较

项目	JMB-1	M. bicuspidata	项目	JMB-1	M. bicuspidata
D-葡萄糖同化	+	v	D-松三糖同化	−	v
D-棉籽糖同化	−	−	D-半乳糖醛同化	−	−
L-鼠李糖同化	−	−	柠檬酸盐同化	−	−
D-松二糖同化	+	ND	丙三醇同化	−	v
L-谷氨酸盐同化	−	ND	龙胆二糖同化	−	ND
L-脯氨酸同化	−	ND	D-麦芽糖同化	−	+
L-苹果酸同化	−	v	D-山梨糖同化	+	v
乳糖同化	−	−	葡糖醛酸同化	−	v
木糖醇同化	−	v	D-山梨醇同化	+	+
D-海藻糖同化	−	+	L-赖氨酸芳胺酶	−	v
D-木糖同化	−	v	酪氨酸芳胺酶	−	ND
杨梅酸同化	+	v	β-N-乙酰葡萄糖胺酶	+	ND
甲基葡萄糖苷同化	−	v	N-乙酰-β-半乳糖氨酶	−	−
D-甘露糖同化	+	+	亮氨酸芳胺酶	+	ND
硝酸盐同化	+	−	γ-谷氨酰转移酶	−	ND
DL-乳酸盐同化	−	−	尿素酶		
N-乙酰-氨基葡萄糖同化	+	ND	15℃生长	+	+
苦杏仁苷同化	−	ND	25℃生长	+	+
D-纤维二糖同化	−	+	30℃生长	+	+
D-蜜二糖同化	−	−	35℃生长	−	−
蔗糖同化	−	+	2-酮基-葡萄糖酸盐同化	−	v
L-阿拉伯糖同化	−	−	精氨酸GP	−	ND
醋酸盐同化	+	ND	α-葡萄糖苷酶	+	v
D-葡萄糖酸盐同化	−	v	七叶灵水解	−	ND
赤藓醇同化	−	−	无维生素培养基	+	−
D-半乳糖同化	−	+	无硫胺素培养基	+	−

注：+为阳性；−为阴性；ND为没有可提供的数据；v为6%~94%的菌株阳性。

4. 生长特性 二尖梅奇酵母对环境的适应性较强，其在温度5~35℃、盐度0~60、pH 2~10 的条件下均可以生长。其中最适温度为20~30℃，温度为28℃时生长速度最快；盐度为5时生长速度最快；pH为4~7时生长速度最快。二尖梅奇酵母可分泌蛋白酶，不分泌磷脂酶和酯酶。

（二）病原的分子生物学鉴定

分别扩增菌株JMB-1的18S rRNA 基因、26S rRNA 基因D1/D2区和 ITS 基因并测序，所获得的18S rRNA基因序列为1 704 bp，26S rRNA 基因D1/D2区序

列为506 bp，ITS 基因序列为360 bp，提交至GeneBank数据库，登录号分别为MW793499、MW799824、MW793713。分别构建基于酵母菌18S rRNA基因、26S rRNA基因D1/D2区序列、ITS基因序列进行聚类分析构建系统进化树，均将本次河蟹"牛奶病"病原与二尖梅奇酵母聚为一支（图8-7~图8-9）。结合菌株JMB-1的形态、生理生化反应鉴定的结果，将此次河蟹"牛奶病"病原酵母JMB-1 鉴定为二尖梅奇酵母（*M. bicuspidata*）。

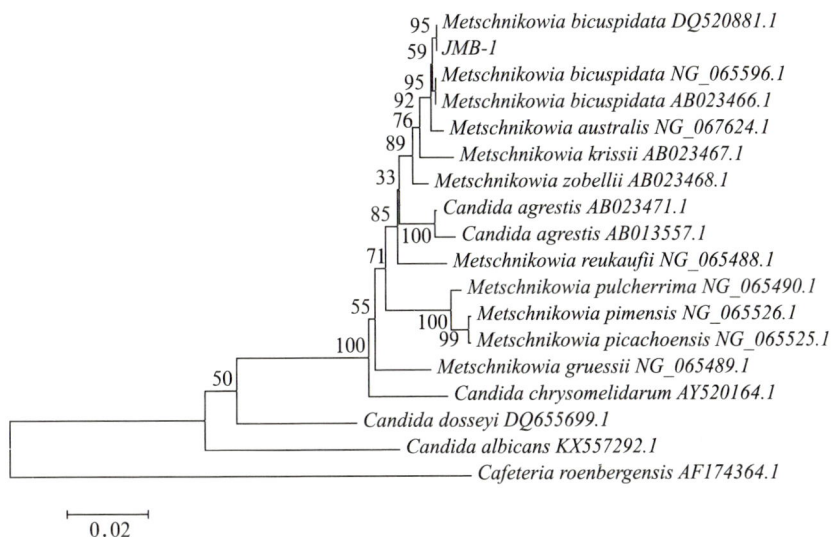

图8-7 酵母菌的 18S rRNA 基因序列聚类分析结果

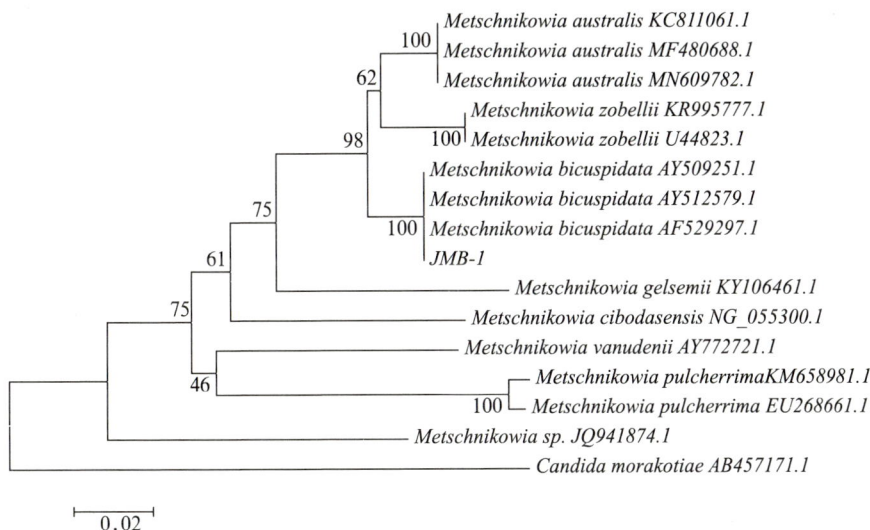

图8-8 酵母菌26S rRNA 基因序列聚类分析结果

123

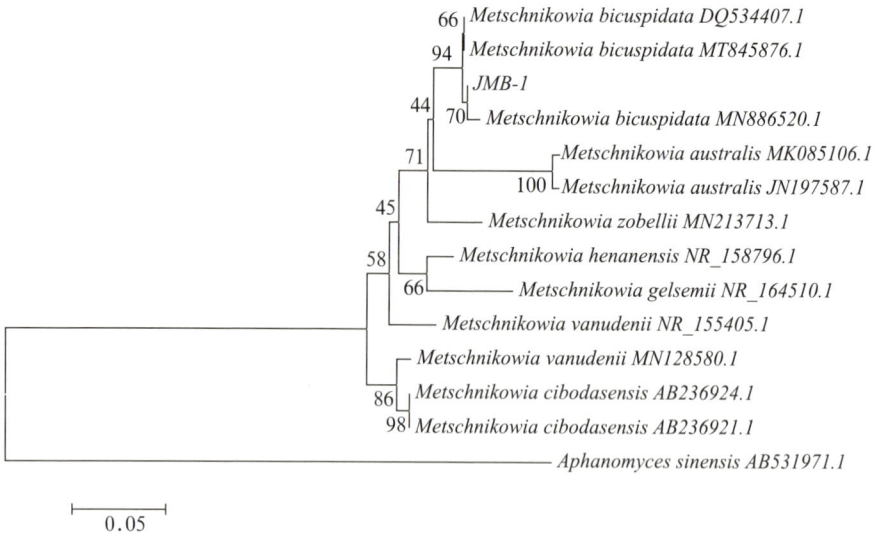

图8-9　酵母菌ITS rRNA 基因序列聚类分析结果

第二节　二尖梅奇酵母的致病性分析

采用人工感染试验，验证了病原JMB-1的致病性及传播途径，探明了温度对病原感染的影响，并通过制作石蜡切片、HE染色，分析了病原酵母感染后河蟹各组织的病理变化。

一、感染途径

1. 菌液制备　挑取二尖梅奇酵母菌株单菌落于YPD液体培养基中培养48 h后，收集并洗涤菌体，采用平板涂布法计数，以无菌生理盐水调整菌悬液密度。

2. 养殖条件　分别采用肌肉注射、浸浴、拌料投喂3种途径对健康河蟹进行人工感染，感染实验于体积为64 cm×46 cm×39 cm、水深30 cm的塑料箱中进行，分4组（3组实验组，1组对照组），每组25尾健康河蟹，连续充气，暂养7 d后进行感染实验。实验期间水温21℃，每日换水1/3，每日按河蟹体重的2%投喂河蟹配合饲料。每天观察河蟹活动、摄食及记录死亡数量，取濒死蟹做病原菌分离。

3. 感染方式　注射感染组调整菌悬液密度为2×10^7 CFU/mL，以第4步足底节关节膜进行注射（50 μL/尾）；浸泡组把体表无损伤的健康河蟹，用无菌剪刀去除1~2条步足，置于菌悬液密度为2×10^7 CFU/mL的水体中连续浸泡 3h，转入清水中养殖；饲喂组调整菌悬液密度为2×10^8 CFU/mL，按2×10^7 CFU/g的量与河蟹配合饲料混合均匀，再加入生物藻胶搅拌，室温阴干 1 h 后于 4℃ 冰箱保存，替代河蟹基础饲料每日投喂；对照组注射等剂量的 0.85% 无菌盐水。

4. 感染结果　采用纯化后的菌株 JMB-1 进行人工感染试验，结果显示，河蟹感染后第 3 天各试验组均出现死亡，注射组河蟹第 2 天开始不再摄食，第 7 天观察到明显的行动反应迟缓，第 9 天、第 10 天死亡量最大，至第 14 天全部死亡，累积死亡率为 100%，第 6 天死亡的河蟹出现明显的"牛奶病"症状，取人工感染发病蟹白色乳液涂片观察，可见大量与菌株 JMB-1 形态一致的菌体。浸浴组河蟹第 3 天即开始出现死亡，至 14 d 试验结束，累积死亡率为 28%，初期死亡的河蟹，未表现出明显的"牛奶病"症状，但从其肝胰腺中分离到的菌株菌落及菌体形态与 JMB-1 一致，从第 9 天死亡的河蟹围心腔内观察到较为明显的白色乳液。饲喂组河蟹第 3 天开始出现死亡，摄食减少，至感染实验结束，累积死亡率为 12%，但死亡河蟹未表现出明显的"牛奶病"症状。对照组至试验结束，无一死亡，摄食活动良好（图8-10）。

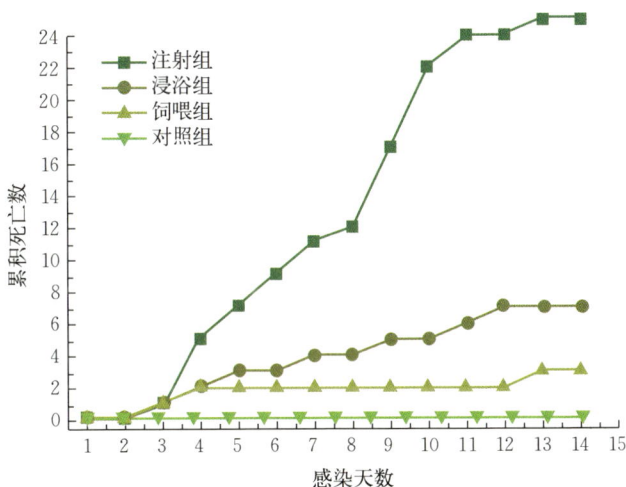

图8-10　JMB-1菌株人工感染试验结果

感染试验结束后，从拌料投喂组剩余河蟹（22只）肝胰腺分离病原，其中1只河蟹处分离到的菌株与 JMB-1 菌落及菌体形态相同，占比 4.5%。从浸浴组剩余河蟹（18只）肝胰腺分离病原，其中3只河蟹处分离到的菌株与 JMB-1 菌落及菌体形态相同，占比 16.7%。

二、半数致死浓度

1. 具体操作　以无菌生理盐水调整菌悬液密度为 1.2×10^8 CFU/mL，10倍比稀释成浓度分别为 1.2×10^7 CFU/mL、1.2×10^6 CFU/mL、1.2×10^5 CFU/mL。感染

试验分5组（4组实验组，1组对照组），每组30只健康河蟹。试验开始时，以河蟹第4步足底节关节膜分别注射试验组，每只注射50 μL，对照组注射等剂量的无菌生理盐水。试验期间保持水温15℃，每日换水1/3，每日按河蟹体重的2%投喂河蟹基础配合饲料。每天观察河蟹活动、摄食及记录死亡数量，取濒死蟹做病原菌分离，持续14 d，计算半数致死浓度。

2. 感染结果　　二尖梅奇酵母JMB-1对河蟹蟹种的半数致死量检测结果如表8-2所示，组1的河蟹在感染后第2天开始不再摄食，第5天开始有河蟹死亡，第6天明显的反应迟缓，第7天死亡的河蟹有明显的"牛奶病"症状，第7~10天死亡量最大，第12天全部死亡。随着感染浓度的降低，病程延长，组2的河蟹在感染第10天开始死亡，第11~13天为死亡高峰，第13天全部死亡。组3、组4的死亡高峰在第13~15天，在第14天时死亡率分别达到83.3%、73.3%，以此为时间节点，根据改良的寇氏法计算在水温15℃、感染周期为14天时，二尖梅奇酵母对河蟹蟹种的半数致死浓度为1.05×10^5 CFU/mL。但在感染实验第16天，组3、组4河蟹也全部死亡，对照组至试验结束，无一死亡，摄食活动良好。

表8-2　不同感染浓度河蟹死亡结果

组别	浓度 (CFU/mL)	试验个体数 (个)	累计死亡只数											
			1~5 d	6 d	7 d	8 d	9 d	10 d	11 d	12 d	13 d	14 d	15 d	16 d
组1	1.2×10^8	30	1	1	7	17	21	27	29	30	30	30	30	30
组2	1.2×10^7	30	0	0	0	0	0	0	6	23	30	30	30	30
组3	1.2×10^6	30	0	0	1	1	1	2	1	3	13	25	30	30
组4	1.2×10^5	30	0	0	0	0	0	0	0	2	7	22	28	30
对照	生理盐水	30	0	0	0	0	0	0	0	0	0	0	0	0

三、温度对致病性的影响

1. 具体操作　　感染试验分6组，每组32只健康河蟹，其中一组为对照组。试验组河蟹养殖水温分别为10℃、15℃、20℃、25℃、30℃，对照组养殖水温为20℃，一周后开始进行感染试验。调整JMB-1菌悬液密度为2.1×10^5 CFU/mL，以第4步足底节关节膜分别注射试验组河蟹，每只注射50 μL。对照组注射等量无菌生理盐水。养殖管理同上，观察记录不同温度下河蟹发病死亡情况。

2. 感染结果　　在不同的养殖温度下，河蟹均可被菌株JMB-1感染，且温度越高，死亡速度加快，组4、组5在感染7 d全部死亡，第5~7天为死亡高峰，组3在感染13 d全部死亡，第10天进入死亡高峰，组2的死亡高峰出现在第13天，死亡高峰期的河蟹均出现明显的"牛奶病"病变。组2组5的河蟹在感染第15天全部死亡。组1的河蟹在感染期间并未出现死亡，但蟹活力不强，取其中12只进行剖检发现，"牛奶病"症状并不明显，从肝胰腺处分离病原菌发现，12只蟹种均大量携带病原菌，余20只河蟹升温至20℃养殖，很快出现发病症状，3 d后全部死亡，这与自然条件下春季升温河蟹大规模发病一致（表8-3、图8-11）。

表8-3　不同感染温度河蟹累计死亡结果

组别	温度（℃）	试验个体数（只）	累计死亡只数											
			1~4 d	5 d	6 d	7 d	8 d	9 d	10 d	11 d	12 d	13 d	14 d	15 d
组1	10	32	0	0	0	0	0	0	0	0	0	0	0	0
组2	15	32	0	0	0	0	0	1	1	1	4	14	26	32
组3	20	32	1	1	1	2	2	5	10	21	26	32	32	32
组4	25	32	1	2	18	32	32	32	32	32	32	32	32	32
组5	30	32	1	13	31	32	32	32	32	32	32	32	32	32
对照	20	32	0	0	0	0	0	0	0	0	0	0	0	0

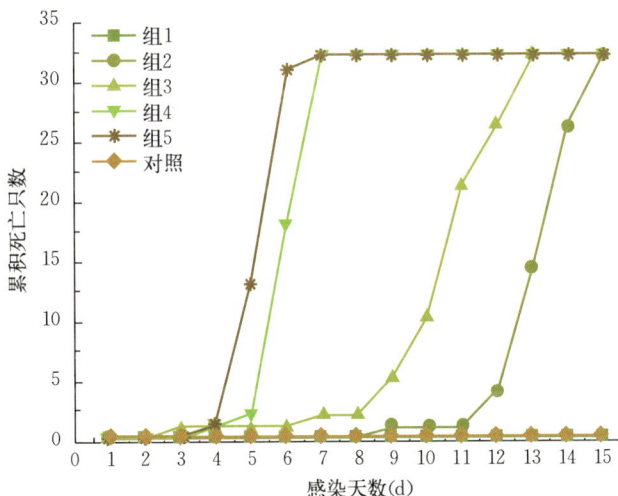

图8-11　不同水温下二尖梅奇酵母感染试验结果

四、致病浓度

1. 具体操作　为探索二尖梅奇酵母JMB-1对河蟹的最低致病浓度，分别以菌悬液密度为2.1×10⁴CFU/mL，2.1×10³CFU/mL的JMB-1注射感染蟹种，每只注射50 μL，对照组注射等剂量的生理盐水，每组30只健康河蟹。养殖水温22℃，管理同上，记录每天河蟹死亡情况。

2. 感染结果　如表8-4所示，组1河蟹在感染21 d后全部死亡，组2河蟹21 d死亡率为90%，余3只经镜检发现携带大量病原菌。

表8-4　不同感染浓度河蟹死亡结果

组别	浓度（CFU/mL）	试验个体数（只）	累计死亡数（只）			死亡率（%）
			1~7 d	8~14 d	15~21 d	
组1	2.1×10⁴	30	1	19	30	100
组2	2.1×10³	30	0	15	27	90
对照	0.85%NaCl	30	0	0	0	0

五、病理变化

1. 样品制备　解剖健康河蟹及具有典型症状的濒死河蟹，分别取其鳃、肝胰腺、心、胃、肠、肌肉等组织，用波恩氏液固定，石蜡包埋，切片后HE染色，显微镜下观察并拍照。

2. 病蟹各组织病理变化　对患病河蟹的肝胰腺、肌肉等组织的病理观察结果显示，患病河蟹的肝胰腺、鳃、肌肉等组织都发生了不同程度的病变，各组织均观察到大量病原菌（图8-12），引起这些组织发生以坏死为主的变质性病变，主要表现为细胞变性、坏死，某些细胞核碎裂、崩解，其中鳃腔变形，肌丝断裂，胃肠道上皮细胞肿胀空泡化，肝小管结构破坏较为明显。

（1）肝胰腺　健康河蟹肝胰腺由众多肝小管组成，肝小管排列整齐，具完整的纤毛柱状上皮、肌肉层及结缔组织，血窦紧密连接在组织周边，管腔形态完整（图8-12b）。病蟹的肝小管管腔明显缩小，形态不规则，排列不整齐，但管腔内部未发现菌体；柱状上皮细胞肿胀，界限模糊，呈现空泡化；肝小管间结缔组织不同程度缺失，血窦排列无序；肝小管基底膜破损，甚至解体、脱落溃散。肝小管间隙扩大，血细胞几乎完全消失，代之以大量菌体，成团存在或散落存在（图8-12a）。肝小管糜散、坏死导致肝胰腺的物质及能量代谢功能紊乱，导致病蟹摄食量及能量供应减少，这可能是导致病蟹活力减弱、行动缓慢的原因。

（2）心脏　健康蟹心脏外层由结缔组织包裹，肌纤维间排列整齐且分支，彼此通过结缔组织紧密相连成网，肌丝纤维呈现明显的带状结构（图8-12）。病蟹肌丝纤维间距扩大，排列疏松，明暗带不清晰，大量病原菌侵入心肌层间隙，导致心肌纤维弯曲、断裂、溶解坏死，肌丝纤维相互分离，失去原本的带状结构，呈岛状分布；血窦腔内血细胞数量明显下降或消失，心肌纤维间及外层结缔组织破损、缺失（图8-12c）。心肌纤维的大量断裂、坏死影响河蟹心脏的收缩舒张，造成河蟹血液循环障碍。

（3）鳃 健康河蟹鳃为叶鳃型鳃，每条鳃由一扁平的鳃轴及其向两边发出片状鳃叶组成，鳃叶由鳃丝（gill lamellaes）和鳃小片（tip of gill lamellaes）构成，鳃叶最外面是角质层，向内是上皮细胞层，中间是鳃腔。鳃上皮细胞向鳃腔突起形成网状的横隔结构，将鳃腔分成许多小通道，通道内有游离的血细胞（图8-12f）。病蟹鳃上皮组织破损、变性、坏死，鳃腔膨胀变形，其中充满病原菌，鳃腔中柱细胞形成的鳃小隔（trabecular cells）破损或缺失，血细胞数量下降。另鳃丝间隙也分布着大量病原菌（图8-12e）。鳃丝排列紊乱、坏死，鳃腔严重阻塞，造成河蟹呼吸困难。

（4）步足肌 健康蟹步足肌为横纹肌，肌纤维呈长筒状，排列紧密，整齐有序，明暗带清晰（图8-12h）。病蟹肌纤维断裂、溶解，排列紊乱疏松，丧失正常紧密的条带状结构，相邻肌丝纤维互相分离，间隔增大，横纹消失，肌间隙充满病原菌（图8-12g）。病蟹步足肌呈不同程度的变性、坏死，影响河蟹步足肌收缩舒张，导致其活动障碍等，这也可能是步足尖端着地行走的原因。

（5）胃肠道 健康河蟹胃肠道组织结构由内向外分为黏膜层、黏膜下层、肌层和外膜四层。其中黏膜层由黏膜上皮和固有膜组成，上皮由单层柱状细胞组成，排列较为紧密，形状多为矮柱状上皮，上皮表面均有几丁质层覆盖；河蟹胃的黏膜下层主要是疏松结缔组织，厚薄不一，而肠道黏膜下层相对发达，内含血管、血窦、神经；黏膜和黏膜下层向腔内突出形成褶皱。肌层厚而复杂，由不同走向的肌束构成。外膜各段相似，均为由一层扁平细胞和薄的疏松结缔组织组成的浆膜（图8-12j、图8-12l）。病蟹胃组织严重萎缩，与覆盖的几丁质间隙明显扩大，间隙中分布大量病原菌；胃黏膜上皮细胞排列杂乱，空泡化，结缔组织散乱，与上皮脱离，其间间隙不可分辨；肌层纤维细胞溶解，充斥大量病原菌（图8-12i）。病蟹肠道黏膜和黏膜下层向腔内突出形成的褶皱严重萎缩，上皮细胞杂乱散布，轮廓不可辨，与结缔组织混杂，结缔组织间的连接亦不清晰；肌层肌纤维溶解不连续，肌间隙及结缔组织间隙及肠系膜外部均分布大量病原菌（图8-12k）。另外，在胃肠内容物中也发现大量病原菌。

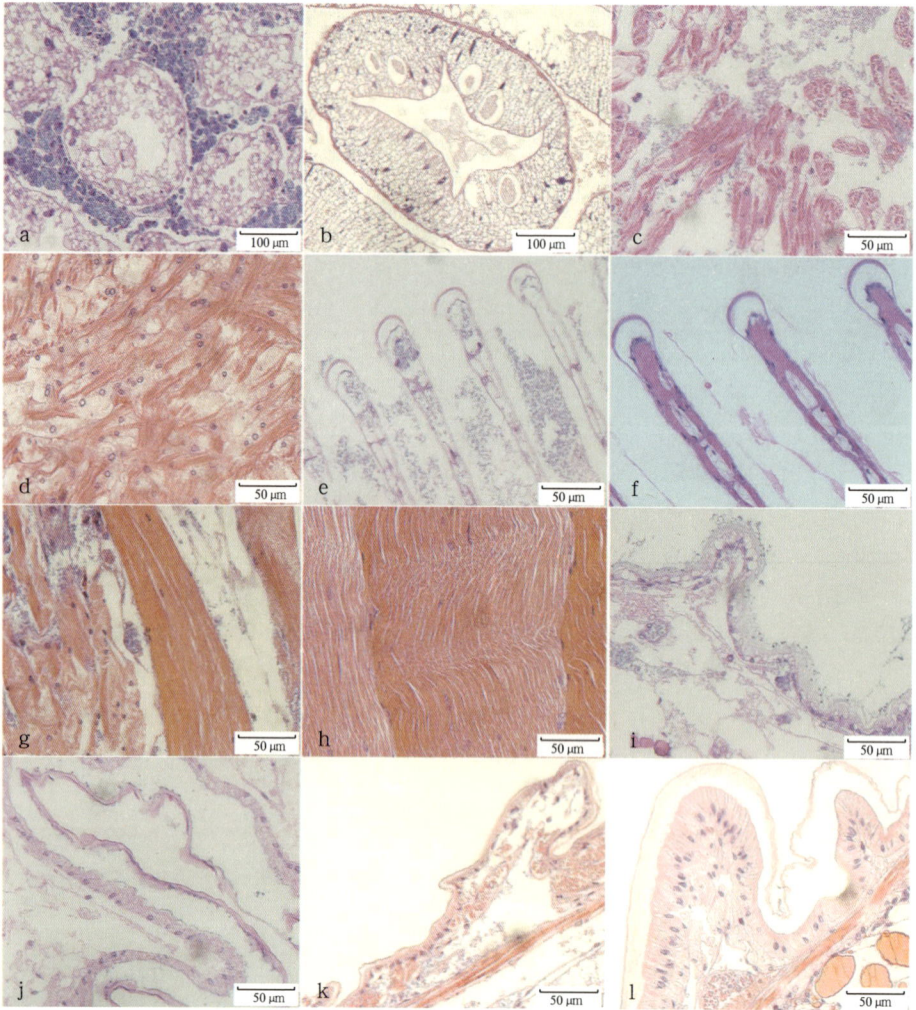

图8-12　河蟹各组织病理切片

[a，病蟹肝胰腺（×100），肝小管管腔缩小，间隙扩大，间隙间充满成团存在的菌体，柱状上皮空泡化；b，健康蟹肝胰腺（×100），肝小管排列整齐，具完整的纤毛柱状上皮、肌肉层及结缔组织；c，病蟹心脏（×200），肌纤维间距扩大，排列疏松，大量病原菌侵入心肌层间隙；d，健康蟹心脏（×200），肌纤维间排列整齐且分支，彼此通过结缔组织紧密相连成网；e，病蟹鳃（×200），鳃腔中柱细胞形成的鳃小隔（trabecular cells）破损或缺失，鳃腔及鳃丝间隙充满病原菌；f，健康蟹鳃（×200），鳃腔完整；g，病蟹步足肌（×200），肌纤维断裂、溶解，排列紊乱疏松，肌间隙充满病原菌；h，健康蟹步足肌（×200），肌纤维呈长筒状，排列紧密，整齐有序；i，病蟹胃（×200），胃组织严重萎缩，与覆盖的几丁质间隙扩大，胃上皮细胞排列杂乱，空泡化，结缔组织散乱，与上皮脱离，肌层纤维细胞溶解，充斥大量病原菌；j，健康蟹胃（×200），上皮由单层柱状细胞组成，排列较为紧密，形状多为矮柱状上皮，上皮表面均有几丁质层覆盖；k，病蟹肠道（×200），褶皱严重萎缩，上皮细胞杂乱散布，肌间隙及结缔组织间隙及肠系膜外部均分布大量病原菌；l，健康蟹肠道（×200）]

六、讨论分析

自2021年以来，多名学者相继发表了对河蟹"牛奶病"的研究成果，明确了病原，证实了二尖梅奇酵母对河蟹的致病性。徐晓丽等采用浸浴、拌料饲喂、注射3种方式分别感染健康蟹种（水温20℃），均可使其发病。Jiang等分别采用饲喂病蟹组织、浸浴、共栖3种方式感染蟹种（水温20℃），35 d后死亡率为36.7%～60%，感染率为53.3%～76.7%。另外，Jiang等通过观察患"牛奶病"的河蟹卵组织发现，病原酵母只存在于卵组织间隙，并未进入卵母细胞中，PCR方法也证实了河蟹受精卵、溞状幼体及大眼幼体均未发现病原菌感染。这与徐晓丽等的调查结果一致，未发现二尖梅奇酵母存在垂直传播现象。Ma等采用不同浓度的菌液（2×10^9～2×10^4 CFU/mL），以浸浴和注射两种方式进行感染，浸浴组42 d死亡率为60%～93%，注射组28 d后死亡率为53%～100%，LD_{50}为1.09×10^4 CFU/mL（水温18℃），第11天死亡的蟹呈现明显的发病症状。本研究以不同浓度的二尖梅奇酵母菌液注射感染健康蟹种（水温15℃），高浓度组在第13天全部死亡。低浓度组在第14天时死亡率分别达到83.3%、73.3%，半数致死浓度为1.05×10^5 CFU/mL，高于Ma等的研究结果，可能与养殖环境（密度、温度等）及河蟹健康状态有关。每个试验组都有一个死亡高峰期，在感染实验第17天，低浓度组河蟹也全部死亡，死亡高峰期较高浓度组延迟。另外，在养殖水温22℃的条件下，以低至2.1×10^3 CFU/mL的菌液注射感染健康蟹种，21 d后死亡率达到90%，说明二尖梅奇酵母一旦进入河蟹体内，一定条件下可在河蟹体内大量增殖，导致河蟹出现牛奶状病变，对河蟹具有较高致病力。现有研究认为，二尖梅奇酵母在河蟹体内，通过血淋巴循环系统扩散到全身，形成占位性损伤，血淋巴中酵母菌含量升高，由淡蓝色变为乳白色，同时部分组织坏死、液化，河蟹衰竭死亡。

刘建男制作了二尖梅奇酵母在不同温度下的生长曲线，认为其在温度5～37℃条件下均可生长，20～30℃生长较快，其中28℃时生长速率最快，但自然条件下河蟹"牛奶病"发病在每年秋末夏初，高峰在每年的4—5月水温15～20℃时，6—8月水温较高时未见发病，这与二尖梅奇酵母最适繁殖温度并不相符。为明确温度对二尖梅奇酵母感染的影响，本研究以$2 \times LD_{50}$的二尖梅奇酵母菌悬液注射感染不同养殖温度下（10～30℃）的蟹种，结果养殖温度越高，死亡高峰期越早，水温15～30℃的河蟹在感染第15天全部死亡。水温10℃的河蟹在感染期间并未出现死亡，升温至20℃养殖，很快出现发病症状，3 d后全部死亡。说明病原菌致病性与温度呈正相关，与现有研究中二尖梅奇酵母对河蟹的感染试验结果一致。分析认为自然条件下，河蟹"牛奶病"的发病与越冬低水温期蟹种体质较差以及春季升高的水温适宜病原菌快速繁殖占据优势密切相关，6月之后的河蟹，经过营养强化和脱壳，加上稻田中较低的养殖密度，因而河蟹发病率降低。

第三节　河蟹"牛奶病"病原——二尖梅奇酵母检测

目前已报道的河蟹"牛奶病"病原定性检测方法主要为传统病原分离鉴定法、针对病原特异性基因的PCR法、Nest-PCR法、taqman探针法等，具体检测可参照以下操作过程。

一、采样

采样数量、运输以及保存按SC/T 7103的规定执行。中华绒螯蟹体表用70%酒精消毒，用1 mL一次性注射器抽取步足基部的血淋巴液，或用无菌接种环取中华绒螯蟹肝胰腺，用于二尖梅奇酵母的分离培养；之后用无菌剪刀剪取中华绒螯蟹肝胰腺0.1 g用于DNA提取。中华绒螯蟹以外的水生甲壳动物取样方法类似。

二、显微镜镜检

将待测中华绒螯蟹体表用70%酒精消毒，掀开中华绒螯蟹头胸甲，观察其围心腔内是否有乳白色牛奶状液体，三角瓣及心脏是否发白，取围心腔内液体滴片镜检，观察镜下是否存在大量行多边出芽生殖的圆形或卵圆形、长3~7 μm的菌体（图8-2），如有则初步判断为样品携带二尖梅奇酵母，确诊需结合分子生物学结果鉴定；如无则需进行酵母菌分离培养操作。

三、二尖梅奇酵母分离、培养

1.**病原分离**　待测中华绒螯蟹体表用70%酒精消毒，用1 mL一次性注射器抽取步足基部的血淋巴液，加入孟加拉红固体平板培养基中，用无菌涂布棒迅速涂布均匀，或者用无菌接种环从中华绒螯蟹肝胰腺接菌，在孟加拉红固体平板培养基上划线。

2.**病原培养**　将上述接种后的孟加拉红固体平板培养基置于28℃恒温培养48 h。

3.**观察结果**　观察培养基上是否出现乳白色、边缘光滑、不透明、湿润的圆形菌落（图8-4）。如有，挑取单菌落涂片镜检，观察菌体形态，是否为大量行多边出芽生殖的圆形或卵圆形、直径3~7μm的菌体（图8-2），如是可初步判断待测样品携带二尖梅奇酵母。如需准确检测，则取该菌落提取基因组DNA，采用PCR扩增其特异性基因片段并进行测序分析。若无菌落生长或所有长出的菌落形态明显不一致或菌落涂片镜检形态明显非出芽生殖的圆形或卵圆形的酵母菌，则可判断待测样品不携带二尖梅奇酵母。

四、二尖梅奇酵母的PCR检测

1. DNA模板的提取

样品DNA的提取应在样品区独立完成，避免造成区域间污染

（1）河蟹组织DNA提取　对于待检蟹样品，取肝胰腺组织一小块（约0.1 g）加入液氮研磨或血淋巴液0.1 mL，放入1.5 mL微量离心管中，加CTAB溶液900 μL，摇匀后，25℃作用2.5 h；加600 μL酚/三氯甲烷/异戊醇，充分混匀30 s；12 000 r/min离心5 min，取上层水相（约800 μL）；加700 μL三氯甲烷/异戊醇，用力混合30 s；12 000 r/min离心5 min，取上层水相（约600 μL）；加1.5倍体积−20℃预冷的无水乙醇，混匀后−20℃过夜以沉淀核酸（在不能及时进行PCR检测的情况下，可置于1.5倍体积无水乙醇中，长期保存）；15 000 r/min离心30 min，小心弃上清液，立即用滤纸吸干（应尽量充分吸干），37℃干燥约30 min；加15 μL水溶解，用作PCR反应的模板。

（2）分离培养物DNA提取　直接挑取平板上菌落提取模板DNA。也可以用其他等效试剂盒和其他方法抽提DNA。

2. PCR反应体系的配制　PCR反应体系必须在洁净的区域完成。PCR反应体系中使用引物0815F（5'-ATGAACCCTCGTCCCAACT-3'）、0815R（5'-GATAGCCTTGCCATTACTTCC-3'），模板为提取的样品DNA，PCR反应体系总体积为50 μL：10×PCR缓冲液5 μL、10 mmol/L dNTPs 4 μL、5 μmol/L引物各2 μL、5U Taq酶0.5 μL、待测样品模板DNA 4μL，加水至50 μL，盖盖。混匀后瞬时离心，再将反应管置于PCR仪。

3. PCR反应　PCR操作待测模板除抽提的样品DNA外同时设阳性对照和以无菌双蒸水为模板的阴性对照。分别将各模板溶液加到各支PCR反应预混物中，盖盖。混匀后瞬时离心，再将反应管置于PCR仪，盖上PCR仪盖子。

PCR反应参数：94℃预变性4 min，再按以下程序进行扩增反应：94℃ 30s，61℃ 30 s，72℃ 30 s，35个循环，最后72℃延伸10 min。4℃保温。

4. PCR产物的琼脂糖电泳　按照 SN/T 2120—2014中6.7.2.4的规定执行。阳性对照在339 bp处会有一条特定条带出现（图8-13 lane 1）；阴性对照在339 bp处不出现条带（图8-13 lane2）。阳性对照在339 bp处无特定条带出现或阴性对照、空白对照在339 bp处有条带出现都表明PCR失败，应在排除故障和清理污染后，重新取样检测。样品的电泳结果参照阳性对照和阴性对照进行判读。在339 bp处有条带出现，表示样品检测PCR结果为阳性（图8-13 lane3、lane 4）；在339 bp处无条带出现，表示样品检测结果PCR为阴性

（图8-13 lane5、lane 6）。

5. PCR产物序列测定 PCR产物可用引物0815F和0815R进行序列测定，测序结果提交至NCBI进行比对，以判断该序列的正确性。如比对结果与二尖梅奇酵母基因序列高度一致，表明被检测样品中存在二尖梅奇酵母的DNA，则可判定为待测样品携带二尖梅奇酵母；如比对结果与二尖梅奇酵母基因序列不一致，表明被检测样品中不存在二尖梅奇酵母的DNA，则可判定为待测样品不携带二尖梅奇酵母。

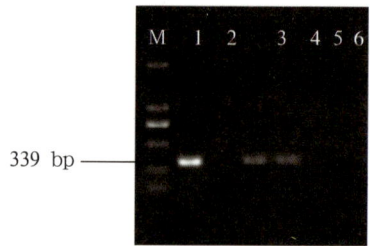

图8-13　二尖梅奇酵母PCR检测结果电泳

（M为DNAMarker；lane1为阳性对照；lane2为阴性对照；lane3、lane4为阳性结果；lane5、lane6为阴性结果）

6. 结果综合判定

（1）可疑判定

①出现典型临床症状的蟹，显微镜镜检或病原菌分离培养或PCR检验中任一结果为阳性，判定为河蟹"牛奶病"疑似，需要进一步确认。

②对于环境生物样品（水体、底泥、鱼类消化道等），PCR检测结果为阳性，序列比对结果与二尖梅奇酵母一致，判定为二尖梅奇酵母阳性。

（2）确诊判定

①出现典型的临床症状的蟹，显微镜镜检或病原菌分离培养或PCR检验中有2个以上（含2个）结果为阳性，判定河蟹"牛奶病"阳性。

②无临床症状的蟹，显微镜镜检和PCR检测结果为阳性，或显微镜镜检阴性但病原菌分离培养和PCR检测结果为阳性，判定为二尖梅奇酵母阳性。

③无临床症状的蟹，显微镜镜检或病原菌分离培养为阳性，但PCR检测结果为阴性，判定为样品中携带酵母菌属酵母，二尖梅奇酵母阴性。

④无临床症状的蟹，显微镜镜检、病原菌分离培养均为阴性，判定河蟹"牛奶病"阴性；若PCR检测结果为阳性，序列比对结果与二尖梅奇酵母一致，判定为样品中二尖梅奇酵母阳性。

五、二尖梅奇酵母套式PCR检测

1. 样品处理及核酸提取 同二尖梅奇酵母PCR检测。

2. 套式PCR反应体系的配制 PCR反应体系必须在洁净的区域完成，引物序列见表8-5，扩增目的基因为菌丝调控的细胞壁蛋白（hyphally regulated cell wall protein，HYR，Sequence ID：XM_018855835.1）反应体系见表8-6。

表8-5　套式PCR检测引物

引物类型	引物名称	引物序列（5′-3′）	目标片段（bp）
第一步PCR反应	P1	AGCCTGGTCTTTGTAATG	493
	P2	ACTCCCTTGTTGGTGATA	
第二步PCR反应	PN1	TTAGAGGGACTTCTCATTTGT	226
	PN2	CTTTAGCGTCAATATCGTAGA	

表8-6　套式PCR反应体系

组分	第一步PCR体系	第二步PCR体系
2 × Taq Master Mix	12 μL	12 μL
上游引物	0.5 μL	0.5 μL
下游引物	0.5 μL	0.5 μL
DNA 模板	2 μL	—
ddH₂O	10 μL	10 μL
第一步PCR产物	—	2 μL
总体积	25 μL	25 μL

3. PCR操作　待测模板除抽提的样品DNA外，同时设阳性对照和以无菌双蒸水为模板的阴性对照。分别将各模板溶液加到各PCR反应预混物管中，盖盖。混匀后瞬时离心，再将反应管置于PCR仪，盖上PCR仪盖子。

PCR反应参数：95℃预变性10 min，再按以下程序进行扩增反应：95℃60 s，55℃45 s，72℃60 s，35个循环，最后72℃延伸10 min。4℃保温。

4. PCR产物的琼脂糖电泳　同二尖梅奇酵母PCR检测。

第一步PCR产物，阳性对照在493 bp处会有一条特定条带出现，阴性对照在493 bp处不出现条带；第二步PCR产物，阳性对照在226 bp处会有一条特定条带出现；阴性对照在226 bp处不出现条带。

阳性对照在493 bp和226 bp处无特定条带出现或阴性对照、空白对照在493 bp和226 bp处有条带出现都表明PCR失败，应在排除故障和清理污染后，重新取样检测。

样品的电泳结果参照阳性对照和阴性对照进行判读。第一步PCR产物在493 bp处有条带出现或者第一步PCR产物在493 bp处无条带出现而第二步PCR产物在226 bp处有条带出现，表示样品检测PCR结果为阳性；第二步PCR产物在226 bp处无条带出现，表示样品检测结果PCR为阴性。

六、二尖梅奇酵母的定量PCR检测

1. 样品处理及核酸提取 同二尖梅奇酵母PCR检测。

2. 定量PCR反应体系的配制 PCR反应体系必须在洁净的区域完成，引物序列见表8-7，扩增片段长度为136 bp。

表8-7 定量PCR检测的引物和探针

Primer/probe	Sequence（5′ → 3′）
HP-F	AAACCCGCAAACTCCACAGA
HP-R	TGGATATCACGCTCCATCATTT
HP-probe	FAM– CAGAACGAGTACCTGACGCTCCAAAGTGC –BHQ1

反应的总体积为20 μL，包括10 μL预混Ex *Taq*，上下游引物（100 nmol/L）各1 μL，0.8 nM探针（100 nmol/L），2 μL模板DNA（7 ng/μL）和5.2 μLH$_2$O。

3. 定量PCR操作 待测模板除抽提的样品DNA外同时设阳性对照和以无菌双蒸水为模板的阴性对照。分别将各模板溶液加到各PCR反应预混物管中，盖盖。混匀后瞬时离心，再将反应管置于PCR仪，盖上PCR仪盖子。扩增条件为：95℃变性20 s，然后95℃变性1 s，62℃退火30s，72℃延伸20 s，共40个循环。

4. 结果判定 阴性对照和空白对照应无*Ct*值，阳性对照*Ct*值<35，且出现典型扩增曲线，反应成立。待测样品*Ct*值≤35且出现典型扩增曲线，可判为PCR阳性；若待测样品无*Ct*值，或无扩增曲线，可判为PCR阴性。待测样品*Ct*值>35，应进行一次重复检测。若重复检测后结果相同，可判为 PCR 阳性；否则判为PCR 阴性。

第四节　天津地区河蟹"牛奶病"流行情况调查

一、采样信息

选择天津地区主要稻蟹综合种养区域养殖企业和育苗场，采用大面调查与重点点位跟踪相结合的采样方法，定期抽检不同生长阶段河蟹病原菌感染发病情况，以及养殖环境中的病原菌污染情况。2020—2022年，共采集各养殖阶段河蟹样品236批8 163只，养殖水体、底泥、稻田野杂鱼虾等环境样品51批116例。

二、样品处理、观察及镜检

（一）样品处理

样品采集、运输以及保存按《水生动物产地检疫采样技术规范》（SC/T

7103—2008）的规定执行。

1. 水样处理 水样采用400目筛绢过滤于无菌瓶中，4℃静置备用。底泥加入等体积的无菌生理盐水充分漩涡混匀后，4℃静置，取上清备用。溞状幼体、大眼幼体、仔蟹用碘伏浸泡消毒，无菌水充分冲洗，沥干水分，按质量体积比1:5的比例加入预冷的生理盐水冰浴匀浆，4℃静置，取上清备用。

2. 蟹样处理 蟹种、种蟹等用70%酒精进行体表消毒，1 mL无菌注射器预先抽取50 μL抗凝剂，于第三步足血窦采集血淋巴液50 μL，充分混匀4℃静置备用，之后掰开头胸甲检查外观。

（二）病原培养

分别取静置备用的溞状幼体、大眼幼体、仔蟹匀浆液、血淋巴液、水样及底泥上清液100 μL，滴至孟加拉红固体平板培养基上，用无菌涂布棒迅速涂布均匀，置于28℃恒温培养箱培养48 h后，取出平板培养基观察菌落形态，取疑似菌落镜检及PCR法鉴定。

（三）样品中二尖梅奇酵母的PCR检测

参照本章第三节第四部分"二尖梅奇酵母的PCR检测"方法进行。

三、结果及分析

（一）总体情况

2020—2022年期间采集样品总体检测结果见表8-8，河蟹样品总体批次阳性率34.32%（81/236）、个体阳性率14.71%（1201/8163），养殖环境样品总体批次阳性率13.73%（7/51）、样品阳性率12.07%（14/116）。

表8-8 2020—2022年天津地区河蟹及其养殖环境中二尖梅奇酵母总检测结果

样品类型	采样批次数	采样个数	阳性批次数	阳性个数	批次阳性率（%）	样品阳性率（%）
河蟹	236	8 163	81	1 201	34.32	14.71
养殖环境	51	116	7	14	13.73	12.07

（二）天津地区河蟹"牛奶病"流行规律和趋势研究

1. 方法 根据病原检测结果，计算批次阳性率及个体阳性率：个体阳性率（%）=阳性个体数/采样个体数×100%；批次阳性率（%）=阳性批次数/采样批次数×100%（注：每批次样品中只要1例样品检测结果呈阳性，则该批次计为阳性）。用SPSS 22.0软件 χ^2 检验进行显著性分析，显著性水平为0.05。

按月份统计2020—2022年，天津主要稻蟹综合种养区域养殖河蟹携带二尖梅奇酵母的阳性检出率，总结季节流行规律；在"牛奶病"流行季节，按年份统计以分析流行趋势。

2. 结果及分析　统计2020—2022年不同养殖月份河蟹"牛奶病"病原携带情况检测结果显示，3月、4月、5月、6月养殖中华绒螯蟹的个体阳性率分别为26.22%（392/1495）、52.7%（293/556）、58.37%（408/699）和10.24%（43/420），4月、5月批次阳性率及个体阳性率均显著高于其他月份（$P<0.05$），部分样品表现出明显的"牛奶病"症状，7—11月未检出该病原（表8-9）。结果表明，天津地区河蟹"牛奶病"的流行时期为每年3—6月，发生于越冬后养殖的蟹种及种蟹中，其中4月、5月为流行高峰期。

表8-9　天津地区河蟹不同养殖月份二尖梅奇酵母检测统计结果

项目	3月	4月	5月	6月	7—11月
采样批次数	45	21	30	19	91
采样个体数	1 495	556	699	420	1 813
阳性批次数	25	17	25	5	0
阳性个体数	392	293	408	43	0
批次阳性率（%）	55.56	80.95	83.33	26.32	0
个体阳性率（%）	26.22	52.70	58.37	10.24	0

根据河蟹"牛奶病"发生规律，对2020—2022年每年3—6月越冬后的蟹种、种蟹"牛奶病"病原携带情况进行统计（表8-10）。结果显示，越冬后河蟹感染二尖梅奇酵母的批次阳性率较高，但呈逐年降低趋势；2020年越冬后采集到的发病河蟹个体数较少，导致个体阳性率偏低，2022年个体阳性率较2021年显著降低（$P<0.05$）。

表8-10　天津地区越冬后河蟹二尖梅奇酵母检测统计结果

项目	2020	2021	2022
采样批次数	15	66	34
采样个体数	374	1 863	933
阳性批次数	13	45	15
阳性个体数	139	814	235
批次阳性率（%）	86.67	71.43	44.12
个体阳性率（%）	37.17	43.69	25.19

Sun Na对盘锦地区河蟹"牛奶病"流行情况调查发现，8月采集的蟹种及成

蟹样本中，均检测到二尖梅奇酵母，这与本研究结果不同。根据调查结果的差异，推测：一是本地区稻蟹田环境不同于辽宁盘锦地区，稻田中设置有环沟或进排水渠，可为河蟹提供良好的栖息环境，降低了农药及温度变化对河蟹体质影响；二是同一时期不同地域水温有所差别，温度不仅影响着宿主的免疫力水平，也影响着二尖梅奇酵母传播效力。分析自然条件下，随着气温升高，河蟹摄食量增加、体质增强，环境及河蟹体内微生物菌群变动，病原酵母即便存在也无法占据优势，生长被抑制无法致病。生产过程中，是否可以采取提温及营养调控措施降低发病率，有待进一步研究验证。

统计结果显示，二尖梅奇酵母仍是当前天津地区养殖中华绒螯蟹的主要流行病原，但检出率呈逐年下降趋势。每年3—6月越冬后的蟹种、种蟹易携带致病酵母，分析认为，由于越冬期间河蟹长期缺食，抗病力差，从水体及底泥摄食易感染病原生物，低温环境下机体内其他微生物菌群生长受到抑制，但侵入蟹体的即使少量病原酵母仍可继续增殖成为优势种，春季随着气温升高，河蟹开始摄食，致病酵母繁殖也开始加快，暂养密度高、池底淤泥较厚、有机质丰富、投饵不足的池塘，河蟹体质差，致病酵母迅速增殖，引起河蟹发病，同类互相蚕食也可增加交叉感染风险。

（三）天津地区河蟹"牛奶病"传播途径研究

1. 方法 结合主要稻蟹综合种养区域养殖环境样品，育苗场种蟹、溞状幼体、大眼幼体及其环境样品检测结果，分析二尖梅奇酵母的传播途径。批次阳性率、个体阳性率计算方法同上。

2. 结果及分析 对天津地区主要稻蟹综合种养区域中的养殖水体、底泥、野杂鱼虾等环境样品进行病原检测。结果显示，春季暴发"牛奶病"的河蟹暂养池水体和底泥中均可检出大量二尖梅奇酵母；上一年发病的河蟹暂养池及其底泥、水体及稻田野杂鱼虾中均未检出二尖梅奇酵母，推测二尖梅奇酵母主要通过被感染蟹水平传播进入水体及底泥中（表8–11）。

表8–11 天津地区主要稻蟹综合种养区域环境中二尖梅奇酵母检测结果

样品类型	养殖水体	底泥	其他（野杂鱼虾）
采样数（批次数）	42	42	14
阳性样品数（批次数）	5	5	0
样品阳性率（%）	11.9	11.9	0

为进一步研究河蟹"牛奶病"传播途径，对河蟹育苗场中种蟹、溞状幼体、大眼幼体及养殖环境样品的二尖梅奇酵母携带情况进行检测。结果显示，种蟹批

次阳性率90%（9/10），个体阳性率36.11%（65/180），部分种蟹表现出明显的"牛奶病"症状，在种蟹养殖池环境中也检出大量二尖梅奇酵母，但在溞状幼体、大眼幼体及其养殖环境中均未检出（表8-12）。

表8-12　天津地区育苗场河蟹及其养殖环境二尖梅奇酵母检测统计结果

样品类型	种蟹	种蟹养殖环境	溞状幼体、大眼幼体	溞状幼体、大眼幼体养殖环境
采样批次数	10	2	20	7
采样个数	180	4	3 000	14
阳性批次数	9	2	0	0
阳性样品数	65	4	0	0
批次阳性率（%）	90	100	0	0
样品阳性率（%）	36.11	100	0	0

结果表明，二尖梅奇酵母并非环境中普遍存在，并具有水平传播能力。已有研究证实，养殖水体、大型溞（Daphnia magna）、卤虫、病死蟹等均可传播二尖梅奇酵母，且该病原在环境胁迫或营养条件不好时可进行有性生殖，形成子囊孢子进而感染动物。结合调查结果，推测二尖梅奇酵母可能在环境中以子囊孢子的形式存在于枝角类、卤虫体内，越冬期间被河蟹摄食后，在机体内萌发成新的酵母菌营养细胞，随开放式血液循环进入各组织，造成全身系统性感染，再通过被感染病死蟹释放入水体及底泥中。

虽然育苗期间种蟹及其养殖池水体和底泥中检出携带二尖梅奇酵母病原，但溞状幼体、大眼幼体及其养殖环境，以及后续跟踪监测的仔蟹、蟹种中均未检出该病原，推测二尖梅奇酵母不存在垂直传播途径。Jiang等发现，受感染种蟹的卵母细胞及其生产的受精卵、溞状幼体和大眼幼体对二尖梅奇酵母检测呈阴性，证实该病原不会直接从母体传播给后代，这与本研究结果一致，提示可以通过建立无特定病原苗种场对该病进行防控。

水产动物致病性酵母种类及可侵染的水产动物错综复杂，侵染不同宿主时的传播途径也不完全相同，但都以水平传播为主。前期研究发现，饲喂、浸浴、注射3种方式均可使河蟹感染二尖梅奇酵母，在适宜温度条件下，病原菌在河蟹体内大量繁殖，导致发病，表明该病原可以通过水流及摄食等方式水平传播；许文军等研究认为葡萄牙假丝酵母对三疣梭子蟹的感染与机体免疫力及环境因子都有较大关系。本研究与以上研究结果一致，二尖梅奇酵母是条件致病菌，当宿主健康状况不良或外部环境遭到破坏时，病原菌会通过水平传播由破损皮肤及肠道侵入体内，导致机体发病死亡。

（四）二尖梅奇酵母感染对河蟹养殖效果影响研究

1. 方法 选择本地区有代表性的规模较大养殖场，于2020—2022年期间跟踪监测其河蟹养殖情况，初步分析感染二尖梅奇酵母对实际养殖效果的影响。

2. 结果及分析 2020—2022年，跟踪监测本地区4家规模较大养殖场的河蟹养殖情况，发现将携带二尖梅奇酵母的蟹种（携带率为26.92%~90.00%）未经暂养直接放入稻田后，未发生河蟹"牛奶病"，但当年成蟹规格同比缩小30%~50%，产量降低30%以上。

结果表明，河蟹感染二尖梅奇酵母后，虽然未出现大量发病死亡，但严重影响养殖效益。动物酵母性疾病的发生与病原丰度、宿主体质及养殖环境密切相关，推测在环境良好的水域，河蟹天然饵料丰富、体质较好，即使感染致病酵母，也可能通过蜕壳，把侵入鳃及血窦内的病原作为异物排掉，但该过程会消耗河蟹能量，造成河蟹生长缓慢，其中影响机制尚不明确。严重感染的河蟹个体则发病死亡或蜕壳过程中死亡，但因稻田中河蟹密度低、病死蟹不集中不易发现，同时稻田养殖环境良好，病原传播概率降低，充足的饵料又增强了河蟹的抗性，有助于河蟹抵抗病原的侵袭，因此，未出现大规模发病的情况。

第五节　二尖梅奇酵母敏感药物的筛选

二尖梅奇酵母为真菌，其对河蟹的感染机制、致病机理等尚不明确，常用细菌抗生素及消毒药物对其无效或效果不明显。现有研究结果显示，抗真菌药物中3种咪唑类药物（克霉唑、益康唑和酮康唑）对二尖梅奇酵母的抑制作用较强，其MIC98值分别为1.28 μg/mL、1.73 μg/mL和1.81 μg/mL；核苷类似物的 5-氟胞嘧啶则对二尖梅奇酵母的抑制作用稍差，其 MIC98值为9.66 μg/mL；多烯类的两种化学药物两性霉素 B 和制霉菌素MIC98值分别为0.93 μg/mL和3.94 μg/mL（如表8-13所示）。王麟等以二尖梅奇酵母WCY为研究对象，筛选出5株能够分泌嗜杀因子杀灭该病原菌的海洋酵母，王祥红等优化了酵母菌生产嗜杀因子的最佳培养条件，纯化后分析了其抑菌效果及特性，应用海洋酵母嗜杀因子杀灭二尖梅奇酵母可以作为一个研究方向。另有研究表明，一种生物表面活性剂Massoia lactone在体外能够有效杀灭病原酵母，最小抑菌浓度和最小杀菌浓度分别为0.15 mg/L、0.34 mg/L，但未进行河蟹体内实验，也未验证Massoia lactone对河蟹的安全浓度。申洪彬筛选了25种药物，包括高锰酸钾、氯制剂、抗生素等，认为制霉菌素、多黏霉素B对二尖梅奇酵母有良好的抑制作用。但以上药物或仅停留在科研阶段，或未在《水产养殖用药明白纸》名录中，对实际生产的指导作用有限。

表8-13　不同化学药物对二尖梅奇酵母的MIC（申洪彬，2020）

药物种类	药物名称	MIC98（μg/mL）	药物种类	药物名称	MIC98（μg/mL）
核苷类似物	5-氟胞嘧啶	9.66		克霉唑	1.28
多烯类	两性霉素B	0.93	咪唑类	益康唑	1.73
	制霉菌素	3.94		酮康唑	1.81

本研究分别采用牛津杯法和最小抑菌浓度和杀菌浓度法，测试了二尖梅奇酵母对多种渔药、医用抗真菌药物及消毒剂等的敏感性。

一、药品详细信息

双氧水、碘伏、葡萄糖酸氯己定醇溶液、苯扎溴铵溶液（含量为3%）购自山东利尔康医疗科技股份有限公司，次氯酸钠购自广东云星生物技术有限公司，聚维酮碘、过硫酸氢钾、三氯异氰尿酸购自北京渔经生物科技有限责任公司，硫醚沙星购自武汉环丰生物科技有限公司，戊二醛、盐酸多西环素、大蒜素、聚六亚甲基胍盐酸盐、制霉菌素、甲霜灵购自北京索莱宝科技有限公司。根据《2022年水产养殖用药明白纸（1号、2号）》，双氧水、碘伏、苯扎溴铵溶液、次氯酸钠、聚维酮碘、过硫酸氢钾、三氯异氰尿酸、戊二醛8种为批准使用的消毒剂类兽药，甲霜灵为批准使用的抗真菌药，盐酸多西环素为批准使用的抗生素，制霉菌素为人用药，不能用于水产养殖。葡萄糖酸氯己定醇溶液、聚六亚甲基胍盐酸盐为广谱消毒剂，尚未批准用于水产养殖。大蒜素为已停用的国标渔药，但在《饲料添加剂品种目录》中可作为调味和诱食物质使用。硫醚沙星与大蒜素不是同一化合物，不在《2022年水产养殖用药明白纸（1号、2号）》及《饲料添加剂品种目录》中，也无兽药批准文号。大蒜提取物为实验室自制。

二、牛津杯法抑菌试验

（一）药物稀释

将上述待测药物通过梯度稀释法，分别制成1 000 mg/L、500 mg/L、250 mg/L、125 mg/L、62.5 mg/L、31.5 mg/L、15.6 mg/L、7.8 mg/L浓度梯度的药液，大蒜粗提物是由1 g市售鲜蒜捣烂成蒜泥状后静置30 min，其间搅拌2~3次使其与空气充分接触，加入1 mL无菌水，涡旋混匀，8 000 r/min离心5 min，取上清液分别倍比稀释成2~256倍大蒜粗提物溶液，备用。

（二）抑菌试验

将菌株JMB-1菌悬液密度调整为3×10^6 CFU/mL，用移液器吸取0.1 mL菌悬液均匀涂布至YPD固体培养基中，以无菌镊子将无菌牛津杯放在培养基上，轻压使牛津杯与培养基充分接触，每个平板放置4~6个牛津杯。吸取不同浓度的待测药液0.2 mL，依次加入牛津杯中，每组药液做3个平行，以等体积的无菌蒸馏水作为对照。将平板放入生化培养箱中28℃培养48 h，测量抑菌圈直径。

（三）结果判断

以本试验使用的牛津杯（7.8 mm）直径的2倍（16 mm）作为本试验敏感度的标准：抑菌圈直径<8 mm为不敏感"−"，8<抑菌圈直径<16 mm为中敏感"+"，抑菌圈直径>16 mm为敏感"++"。

（四）结果分析

采用牛津杯法检测了菌株JMB-1对15种药物及大蒜粗提物的敏感性，结果显示其中5种药物对二尖梅奇酵母有抑制作用（表8-14），葡萄糖酸氯己定醇溶液、制霉菌素、苯扎溴铵抑菌效果最好，大蒜粗提物在稀释64倍后对二尖梅奇酵母也有很好的抑制作用。其他药物如次氯酸钠、戊二醛、大蒜素、碘伏、过硫酸氢钾、盐酸多西环素、双氧水、硫醚沙星、甲霜灵对二尖梅奇酵母无抑制作用。

表8-14 敏感药物筛选试验

药物名称	药物浓度（mg/L）							
	1 000	500	250	125	62.5	31.25	15.6	7.8
制霉菌素	++	++	++	++	++	++	++	++
葡萄糖酸氯己定醇溶液	++	++	++	++	++	++	++	++
聚六亚甲基胍盐酸盐	++	++	++	+	+	−	−	−
苯扎溴铵	++	++	++	++	++	++	++	++
三氯异氰尿酸	++	++	−	−	−	−	−	−
	稀释倍数							
	2	4	8	16	32	64	128	256
大蒜粗提物	++	++	++	++	++	++	+	−

三、优选药物最小抑菌浓度（MIC）和最小杀菌浓度（MBC）的测定

（一）药物配制

配制含待测药物浓度200 mg/L、100 mg/L、50 mg/L、20 mg/L、10 mg/L、5 mg/L和1 mg/L的YPD液体培养基加入试管中，大蒜粗提物采用YPD液体培养基倍比稀释后加入试管中，每管4.5 mL，每个浓度3个平行重复。向每支试管中加入0.5 mL菌悬液密度为5×10^6 CFU/mL的二尖梅奇酵母菌液，混合均匀，对照组

143

加入无菌生理盐水。将所有试管放入28℃恒温培养箱培养中72 h后，将试验组与对照组放在强光下观察。从无菌生长的试管中吸取0.1 mL培养液，无菌涂布于孟加拉红固体培养基上，28℃培养48 h，观察是否有酵母菌菌落产生，记录药物的MIC和MBC。

（二）结果分析

根据牛津杯法药物筛选结果，测定制霉菌素、葡萄糖酸氯己定醇溶液、苯扎溴铵、大蒜粗提物对二尖梅奇酵母JMB-1的MIC和MBC，结果如表8-15所示，葡萄糖酸氯己定醇溶液的MIC为10 mg/L，MBC为20 mg/L；制霉菌素的MIC为10 mg/L，MBC为100 mg/L；苯扎溴铵的MIC为5 mg/L，MBC为10 mg/L；大蒜粗提物的MIC为稀释64倍，MBC为稀释32倍。

表8-15   优选药物的MIC和MBC

药物种类	MIC	MBC
葡萄糖酸氯己定醇溶液	10 mg/L	20 mg/L
制霉菌素	10 mg/L	100 mg/L
苯扎溴铵	5 mg/L	10 mg/L
大蒜粗提物	64倍稀释	32倍稀释

四、分析与讨论

二尖梅奇酵母为真菌，常用细菌抗生素及消毒药物对其无效或效果不明显，抗真菌药物如酮康唑、益康唑、克霉唑等对其具有较好的抑制作用。申洪彬筛选了25种药物，认为制霉菌素、多黏霉素B对二尖梅奇酵母有良好的抑制作用。但以上药物均未在《水产养殖用药明白纸》名录中，对实际生产的指导作用有限。本研究从中选择7种消毒药物（次氯酸钠、戊二醛、碘伏、过硫酸氢钾、双氧水、三氯异氰尿酸、苯扎溴铵），1种抗真菌药物（甲霜灵）和1种抗生素（盐酸多西环素），加上2种医用消毒剂（葡萄糖酸氯己定、聚六亚甲基胍盐酸盐）、1种抗真菌药（制霉菌素）以及大蒜粗提物、大蒜素和硫醚沙星共15种，测试二尖梅奇酵母的药物敏感性。结果显示，二尖梅奇酵母对制霉菌素高度敏感，MIC、MBC分别为10 mg/L、100 mg/L，与马红丽等的结果一致。但制霉菌素价格较为昂贵，且为人用药物，不能用作渔药。渔药中唯一的抗真菌药——甲霜灵对二尖梅奇酵母无抑菌作用。消毒剂中三氯异氰尿酸、聚六亚甲基胍盐酸盐、葡萄糖酸氯己定醇溶液、苯扎溴铵对二尖梅奇酵母有抑制作用，且苯扎溴铵和葡萄糖酸氯己定醇溶液的杀菌效果优于制霉菌素，苯扎溴铵为允许使用的渔药，MIC为5 mg/L，

MBC为10 mg/L，表现出良好的抑菌及杀菌性能，但经验证苯扎溴铵对河蟹幼蟹的安全浓度为1.78 mg/L，远低于苯扎溴铵的抑菌浓度，实际生产中可以用于池塘及底泥的消杀，降低病原传播概率，但对已感染二尖梅奇酵母的河蟹，仍未找到安全有效的治疗药物。

大蒜是一种常见的具有药食两种用途的草本植物，具有较强的杀菌能力，对多种微生物有抑制作用，是天然的抑菌剂，熊延靖等发现大蒜素对白色念珠菌具有较强的抑制作用，可以通过抑制白色念珠菌菌丝生长、调节菌丝生长相关基因（RAS1、CDC35、EFG1、PDE2）的表达、下调生物被膜相关基因表达（ALS1、ALS3、HWP1、MP65、SUN41）和抑制细胞外磷脂酶的活性，从而抑制白色念珠菌生长。本研究制备了大蒜粗提物，室温静置氧化后发现对二尖梅奇酵母具有良好的抑制和杀灭效果，但加热后不再具备抑菌功能，提示大蒜提取物可用于防控河蟹"牛奶病"。现有研究认为，大蒜杀菌的主要活性成分是大蒜素，但本研究结果却发现二尖梅奇酵母对大蒜素以及具有类似大蒜气味的硫醚沙星并不敏感，大蒜粗提物对二尖梅奇酵母有效成分及抑菌机制，尚不明确。本研究中初始制备的大蒜粗提物料液比为1 g/mL，与其他药物浓度相差较大，因有效成分未知，无法用药物浓度表示，因而文中用稀释倍数来展示结果。本研究仅在实验室初步验证了大蒜粗提物的体外抑菌效果，但未探明其中的有效物质成分，对其应用于河蟹体内的抑菌效果也缺乏研究。另外，部分乳酸菌代谢产物具有抗真菌及真菌毒素的特性，如植物乳杆菌（Lactobacillus plantarum）产生的有机酸能够抑制黄曲霉菌的生长及黄曲霉毒素产生，本研究中未涉及益生菌代谢产物对二尖梅奇酵母的抑制效果研究，这将作为下一步的研究方向。

第六节　河蟹"牛奶病"防治建议与对策

鉴于二尖梅奇酵母对河蟹的高致病性，对已经出现"牛奶病"症状的蟹种，意味着已经进入疾病的中后期阶段，治疗比较困难，不仅需要考虑用药成本，还需考虑河蟹对药物的承受能力。所以，河蟹"牛奶病"防控重在提前预防，重点在蟹越冬前后和春季暂养期间，加强蟹养殖管理，综合防控河蟹"牛奶病"。现有研究结果表明，河蟹"牛奶病"病原二尖梅奇酵母的流行与养殖环境、养殖阶段、病原丰度、宿主体质等因素密切相关，发病高峰主要集中在每年3—6月，发病个体主要为越冬后的蟹种及种蟹。春季水温升高至7℃以上时，历经越冬期的河蟹开始摄食，此时若饲料投喂不足、养殖密度过高，易造成河蟹营养缺乏、相互蚕食，在淤泥较厚、有机质丰富、水质条件差等环境因子胁迫下，导致二尖梅奇酵母迅速增殖传播，当水温升至15~20℃，出现发病死亡高峰，病死蟹在水体中成为新的传染源，同时使水质进一步恶化。因此，在实际生产中，河蟹"牛奶病"防控主要从以下几个方面进行防控。

一、越冬前避免引入病原体

鉴于二尖梅奇酵母主要为越冬期间感染，因此，越冬前储蟹池塘应提前采用苯扎溴铵带水消毒（10 mg/L）消毒，之后再放入蟹；挑选蟹种或亲蟹时，应选择体质健壮、活力强、无伤残、规格整齐、检疫合格并经检测不携带二尖梅奇酵母等病原的个体，消毒后放入越冬池；越冬储养的蟹种密度不高于800 kg/亩，种蟹越冬池密度不超过3 500只/亩；同时保证越冬期间池塘溶氧，避免河蟹感染病原酵母。

二、春季加强对河蟹苗种病原的检测

1. 暂养池消毒 非越冬暂养池，秋冬可排干池水晒塘冻土。春季放养前2周，采用苯扎溴铵带水消毒（10 mg/L），杀灭二尖梅奇酵母。

2. 蟹种选择 尽量选择本地培育的体质健壮、活力敏捷、无病无伤、附肢完整、规格整齐且检疫合格的蟹种。做好抽查检查，防止购买到携带二尖梅奇酵母的蟹种。目前，二尖梅奇酵母的PCR检测技术及定量PCR检测技术等均已成功研发，为苗种检测提供了技术支持。

3. 蟹种消毒 经过长途运输后的蟹种下塘前用池水浸湿2 min后取出5~10 min，重复3次（俗称回水）。再用3%~5%的食盐水浸浴3~5 min，或10~20 mg/L高锰酸钾浸浴10 min。

三、改善养殖环境，降低放养密度

1. 暂养池要求 养殖池底需清淤消毒，底泥厚度不超过10 cm，春季蟹种暂养密度不高于25 kg/亩。

2. 移植水草 有条件的暂养池可移植水草，利于蟹种的栖息、隐蔽、摄食、生长和蜕壳，以提高成活率，减少蚕食。水草种类选择适宜本地存活种类，如沉水植物菹草、轮叶黑藻、马来眼子菜、金鱼藻、苦草、伊乐藻等；漂浮植物凤眼莲、大浮萍等。

3. 水质调控 定期监测池水溶氧和亚硝酸盐氮，当溶氧量低于3 mg/L或亚硝酸盐氮高于0.2 mg/L时需要及时换水。确保池塘溶解氧不低于5 mg/L，当溶氧量低于3 mg/L时，要及时换水并加注新水；无换水条件的可加强水体消毒、使用微生态制剂、增设增氧机等措施。

四、增强河蟹抗病力

1. 春秋季节加强营养投喂 以投喂优质全价配合饲料（蛋白含量约36%）为

主，确保蟹种在暂养池中至少脱1次壳，适当添加多维、免疫多糖、有益菌等免疫增强剂，提高河蟹抗病力；河蟹集中蜕壳时，在饲料中添加脱壳素等物质，促进顺利蜕壳，提高成活率。采取以上综合性措施，可显著降低河蟹"牛奶病"的发生及传播概率。

2. **切断病原传播途径** 养殖过程中如发现病死蟹或河蟹出现"牛奶病"症状，及时捞出，捞出水煮后掩埋，在远离种养殖区挖坑加生石灰深埋无害化处理，防止二尖梅奇酵母在河蟹中的传播。杜绝扔在塘边，否则会造成二次污染。

第九章

稻田蟹品牌培育技术

第一节　农产品品牌

一、有机产品

有机产品是指有机生产、有机加工的供人类消费、动物食用的产品。

中国有机产品认证标志是证明产品在生产、加工和销售过程中符合《有机产品生产、加工、标识与管理体系要求》（GB/T 19630）规定，并且通过认证机构认证的专用图形，由国家认监委统一设计发布（图9-1）。只有通过国家认监委批准的合法认证机构根据GB/T 19630认证的有机产品，才可以使用中国有机产品认证标志。

图9-1　中国有机产品认证标志

中国有机产品认证标志的主要图案由三部分组成，即外围的圆形、中间的种子图形及其周围的环形线条。外围的圆形形似地球，象征和谐、安全；圆形中的"中国有机产品"字样为中英文结合方式，既表示中国有机产品与世界同行，也有利于国内外消费者识别；标志中间类似种子的图形代表生命萌芽之际的勃勃生机，象征有机产品是从种子开始的全过程认证，同时，提示有机产品就如刚刚萌发的种子，正在中国大地上茁壮成长；种子图形周围的环形线条象征环形的道路，与种子图形合并构成汉字"中"，寓意有机产品根植中国，有机之路越走越宽；同时，处于平面的环形又是英文字母C的变体，种子形状是字母O的变形，意为"China Organic"（中国有机）；绿色代表环保、健康和希望，表示有机产品给人类的生态环境带来完美和谐；橘红色代表旺盛的生命力，表示有机产品对可持续发展的作用。

二、绿色食品

绿色食品是指产自优良生态环境、按照绿色食品标准生产、实行全程质量控制并获得绿色食品标志使用权的安全、优质食用农产品及相关产品。

1990年，绿色食品事业创建之初，开拓者们认为绿色食品应该有区别于普通食品的特殊标识。因此，根据绿色食品的发展理念构思设计出了绿色食品标志图形（图9-2）。该图形由三部分构成，即上方的太阳、下方的叶片和中心的蓓蕾，象征自然

图9-2　绿色食品标志

生态；颜色为绿色，象征着生命、农业、环保；图形为正圆形，意为保护。绿色食品标志图形描绘了一幅明媚阳光照耀下的和谐生机，意图告诉人们绿色食品正是出自优良生态环境的安全、优质食品，同时还提醒人们要保护环境，通过改善人与自然的关系，创造自然界新的和谐。

第二节　稻田蟹品牌培育技术

一、有机产品稻田蟹培育技术

（一）有机产品稻田蟹定义

来自有机稻田生产体系，遵照特定的生产原则，在生产的过程中绝对禁止使用激素、生长调节剂等人工合成物质，不允许使用基因工程技术，根据有机产品稻田蟹的生产要求和相应标准生产，并且通过合法的、独立的有机食品认证的产品。

（二）有机产品稻田蟹生产技术要求

1. 生产环境

（1）产地环境　有机稻田蟹生产需要在适宜的环境条件下进行，生产基地应远离城区、工业区、交通主干线、工业污染源、生活垃圾场等，并宜持续改进产地环境。在风险评估的基础上选择适宜的土壤，并符合GB 15618的要求；渔业水质符合GB 11607的要求；环境空气质量符合GB 3095的要求。

（2）缓冲带　对有机稻田蟹生产区域受到邻近常规生产区域污染的风险进行分析。在存在风险的情况下，则应在有机生产和常规生产区域之间设置有效的缓冲带或物理屏障，用来限制或阻挡邻近地块的禁用物质漂移到有机稻田蟹生产基地。

2. 生产过程

（1）转换期　由常规生产向有机生产发展需要经过转换，经过转换后的产品才可以作为有机产品销售。稻田蟹的生产应该是在有机稻田的基础上进行养殖，从常规生产过渡到有机生产至少应经过12个月的转换期。

（2）平行生产　同一生产单元中不允许存在平行生产。

（3）饵料　投入的饵料应是有机的或野生的。在有机的或野生的饵料数量或质量不能满足需求时，可投喂最多不超过总饵料量5%（以干物质计）的常规饵料。在出现不可预见的情况时，可在获得认证机构评估同意后在该年度投喂最多不超过20%（干物质计）的常规饵料。饵料中的动物蛋白至少应有50%来源于食品加工的副产品或其他不适于人类消费的产品。在出现不可预见的情况时，可在该年度将该比例降至30%。可使用天然的矿物质添加剂、维生素和微量元素；稻田蟹营养不足而需使用人工合成的矿物质、微量元素和维生素时，应按照表9-1的要求使用。不应在饵料中添加或以任何方式向稻田蟹投喂下列物质：①合成的促生长剂；②合成诱食剂；③合成的抗氧化剂和防腐剂；④合成色素；⑤非蛋白氮（尿素等）；⑥与养殖对象同科的生物及其制品；⑦经化学溶剂提取的饵料；⑧化学提纯氨基酸；⑨转基因生物或其产品。

表9-1　有机食品动物养殖中允许使用的添加剂

序号	名称	来源和说明	国际编码（INS）
1	铁	硫酸亚铁、碳酸亚铁、三氧化二铁	—
2	碘	碘酸钙、碘化钠、碘化钾	—
3	钴	硫酸钴、氯化钴、碳酸钴	—
4	铜	硫酸铜、氧化铜（反刍动物）	—
5	锰	碳酸锰、氧化锰、硫酸锰、氯化锰	—
6	锌	氧化锌、碳酸锌、硫酸锌	—
7	钼	钼酸钠	—
8	硒	亚硒酸钠	—
9	钠	氯化钠、硫酸钠、碳酸钠、碳酸氢钠	—
10	钾	碳酸钾、碳酸氢钾、氯化钾	—
11	钙	碳酸钙（石粉、贝壳粉）、乳酸钙、硫酸钙、氯化钙	—
12	磷	磷酸氢钙、磷酸二氢钙、磷酸三钙	—
13	镁	氧化镁、氯化镁、硫酸镁	—
14	硫	硫酸钠	—
15	维生素	来源于天然生长的饲料源的维生素。在饲喂单胃动物时可使用与天然维生素结构相同的合成维生素。若反刍动物无法获得天然来源的维生素，可使用与天然维生素一样的合成的维生素A、维生素D和维生素E	—
16	微生物	畜牧技术用途，非转基因/基因工程生物或产品	—
17	酶	青贮饲料添加剂和畜牧技术用途，非转基因/基因工程生物或产品	—
18	防腐剂和青贮饲料添加剂	山梨酸、甲酸、乙酸、乳酸、柠檬酸，只可在天气条件不能满足充分发酵的情况下使用	—
19	黏结剂和抗结块剂	硬脂酸钙、二氧化硅	—
20	食品、食品工业副产品	乳清、谷物粉、糖蜜、甜菜渣等	—

（4）疾病防治 应通过预防措施（如优化管理、饲养、进食）来保证稻田蟹的健康。所有的管理措施应旨在提高其抗病力。养殖密度不应影响稻田蟹的健康，不应导致其行为异常。应定期监测生物的密度，并根据需要进行调整。可使用生石灰、漂白粉、二氧化氯、茶籽饼、高锰酸钾和微生物制剂对养殖水体和稻田底泥消毒，以预防稻田蟹疾病的发生。可使用天然药物预防和治疗稻田蟹疾病。在预防措施和天然药物治疗无效的情况下，可对稻田蟹使用常规渔药。在12个月内只可接受1个疗程常规渔药治疗。超过允许疗程的，应再经过规定的转换期。使用过常规药物的稻田蟹经过所使用药物的休药期的2倍时间后方能被继续作为有机稻田蟹销售。不应使用抗生素、化学合成药物和激素对稻田蟹实行日常的疾病预防处理。

二、绿色食品稻田蟹培育技术

（一）产地环境、养殖基地建设及生产者素质

1. 产地环境要求

（1）生态环境 绿色食品生产应选择生态环境良好、无污染的地区，远离工矿区和公路、铁路干线，避开污染源。应在绿色食品和常规生产区域之间设置有效的缓冲带或物理屏障，以防止绿色食品生产基地受到污染。建立生物栖息地，保护基因多样性、物种多样性和生态系统多样性，以维持生态平衡。应保证基地具有可持续生产能力，不对环境或周边其他生物产生污染（图9-3、图9-4）。

图9-3 稻田产地隔离带（吴彬 摄）

图9-4 产地生态环境（李洪梅 摄）

（2）土壤质量 按土壤耕作方式的不同分为旱田和水田两大类，每类又根据土壤pH的高低分为3种情况，即pH<6.5、6.5≤pH≤7.5、pH>7.5。水稻是

水田作物，应符合表9-2和表9-3中"水田"的要求。稻田蟹底泥按照水田标准执行。

表9-2　土壤质量要求（mg/kg）

项目	旱田			水田			检验方法
	pH<6.5	6.5≤pH≤7.5	pH>7.5	pH<6.5	6.5≤pH≤7.5	pH>7.5	NY/T 1377
总镉	≤0.30	≤0.30	≤0.40	≤0.30	≤0.30	≤0.40	GB/T 17141
总汞	≤0.25	≤0.30	≤0.35	≤0.30	≤0.40	≤0.40	GB/T 22105.1
总砷	≤25	≤20	≤20	≤20	≤20	≤15	GB/T 22105.2
总铅	≤50	≤50	≤50	≤50	≤50	≤50	GB/T 17141
总铬	≤120	≤120	≤120	≤120	≤120	≤120	HJ 491
总铜	≤50	≤60	≤60	≤50	≤60	≤60	HJ 491

注：1.果园土壤中铜限量值为旱田中铜限量值的2倍。2.水旱轮作用的标准值取严不取宽。3.底泥按照水田标准执行。

资料来源：《绿色食品　产地环境质量》（NY/T 391—2021）。

表9-3　土壤肥力分级指标

项目	级别	旱地	水田	菜地	园地	牧地	检验方法
有机质（g/kg）	I	>15	>25	>30	>20	>20	NY/T 1121.6
	II	10～15	20～25	20～30	15～20	15～20	
	III	<10	<20	<20	<15	<15	
全氮（g/kg）	I	>1.0	>1.2	>1.2	>1.0	—	HJ 717
	II	0.8～1.0	1.0～1.2	1.0～1.2	0.8～1.0	—	
	III	<0.8	<1.0	<1.0	<0.8	—	
有效磷（mg/kg）	I	>10	>15	>40	>10	>10	LY/T 1232
	II	5～10	10～15	20～40	5～10	5～10	
	III	<5	<10	<20	<5	<5	
速效钾（mg/kg）	I	>120	>100	>150	>100	—	LY/T 1234
	II	80～120	50～100	100～150	50～100	—	
	III	<80	<50	<100	<50	—	

资料来源：《绿色食品　产地环境质量》（NY/T 391—2021）。底泥、食用菌栽培基质不做土壤肥力检测。

（3）空气质量。绿色食品水稻及稻田蟹产地的空气质量应符合表9-4的要求。

表9-4　空气质量要求（标准状态）

项目	指标		检验方法
	日平均[a]	1h[b]	
总悬浮颗粒物（mg/m³）	≤0.30	—	GB/T 15432
二氧化硫（mg/m³）	≤0.15	≤0.50	HJ 482
二氧化氮（mg/m³）	≤0.08	≤0.20	HJ 479
氟化物（μg/m³）	≤7	≤20	HJ 955

a　日平均指任何一日的平均指标。
b　1 h指任何1小时的指标。

资料来源：《绿色食品　产地环境质量》（NY/T 391—2021）。

（4）灌溉和渔业水质　绿色食品水稻产地的农田灌溉水质应符合表9-5的要求，稻田蟹养殖水质应符合表9-6的要求。

表9-5　农田灌溉水水质要求

项目	指标	检测方法
pH	5.5～8.5	HJ 1147
总汞（mg/L）	≤0.001	HJ 694
总镉（mg/L）	≤0.005	HJ 700
总砷（mg/L）	≤0.05	HJ 694
总铅（mg/L）	≤0.1	HJ 700
六价铬（mg/L）	≤0.1	GB/T 7467
氟化物（mg/L）	≤2.0	GB/T 7484
化学需氧量（CODcr）（mg/L）	≤60	HJ 828
石油类（mg/L）	≤1.0	HJ 970
粪大肠菌群[a]（MPN/L）	≤10 000	SL 355

a　仅适用于灌溉蔬菜、瓜类和草本水果的地表水。

资料来源：《绿色食品　产地环境质量》（NY/T 391—2021）。

表9-6　渔业水质要求

项目	指标		检测方法
	淡水	海水	
色、臭、味	不应有异色、异臭、异味		GB/T 5750.4
pH	6.5～9.0		HJ 1147
生化需氧量（BOD₅）（mg/L）	≤5	≤3	HJ 505
总大肠菌群（MPN/100 mL）	≤500（贝类50）		GB/T 5750.12

（续）

项目	指标		检测方法
	淡水	海水	
总汞（mg/L）	≤0.000 5	≤0.000 2	HJ 694
总镉（mg/L）	≤0.005		HJ 700
总铅（mg/L）	≤0.05	≤0.005	HJ 700
总铜（mg/L）	≤0.01		HJ 700
总砷（mg/L）	≤0.05	≤0.03	HJ 694
六价铬（mg/L）	≤0.1	≤0.01	GB/T 7467
挥发酚（mg/L）	≤0.005		HJ 503
石油类（mg/L）	≤0.05		HJ 970
活性磷酸盐（以P计）(mg/L)	—	≤0.03	GB/T 12763.4
高锰酸盐指数（mg/L）	≤6	—	GB/T 11892
氨氮（mg/L）	≤1.0	—	HJ 536

资料来源:《绿色食品 产地环境质量》（NY/T 391—2021）。漂浮物质应满足水面不出现油膜或浮沫的要求。

2. 基地建设的基础条件 稻田集中连片、规划布局合理、园田化程度高、排灌水渠分设，具有适度规模种植；基地路、桥、涵、站、闸设置合理，基础配套设施齐全，田间路面整洁平坦，生态环境优良；基地周围5 km和上风向20 km范围不得有污染源的企业；基地生产保障用房、农机具房等农业生产基础设施配套齐全，农业技术服务体系配备。

3. 生产者素质 懂得绿色食品生产的相关政策措施，并熟知生产操作规程、养殖操作规程和规范实施；知晓绿色食品的标准和标准化生产要求，确保产地和产品质量达标；掌握和引入绿色食品生产的先进技术并善于因地制宜地创新和推广应用。

（二）稻田蟹投喂饲料要求

绿色食品生产中所使用的饲料和饲料添加剂及其代谢产物，应对环境无不良影响，且在畜牧业、渔业产品及排泄物中存留量对环境也无不良影响，有利于生态环境保护和养殖业可持续健康发展。

植物源性饲料原料，应是通过认定的绿色食品及其副产品；或来源于绿色食品原料标准化生产基地的产品及其副产品；或是按照绿色食品生产方式生产并经认定的原料基地生产的产品及其副产品。

动物源性饲料原料，应只使用乳及乳制品、鱼粉和其他海洋水产动物产品及副产品，其他动物源性饲料不可使用；鱼粉和其他海洋水产动物产品及副产品，应来自经国务院农业农村主管部门认可的产地或加工厂，并有证据证明符合规定要求，其中鱼粉应符合GB/T 19164的要求。进口的鱼粉和其他海洋水产动物产品及副产品，应有国家检验检疫部门提供的相关证明和质量报告，并符合相关规定。

宜使用国务院农业农村主管部门公布的饲料原料目录中可饲用天然植物。

不应使用畜禽及餐厨废弃物、畜禽屠宰场副产品及其加工产品、非蛋白氮。

（三）稻田蟹常见病害及防治要求

稻田蟹常见病害有黑鳃病、烂肢病、水肿病、纤毛虫病等，绿色食品预防水产养殖动物疾病药物和绿色食品治疗水生生物疾病药物应符合《绿色食品　渔药使用准则》（NY/T 755）的要求。

第三节　稻田蟹品牌认证流程

一、有机产品稻田蟹

1. **提交申请**　有机稻田蟹生产者（以下简称"认证委托人"）委托认证机构进行有机产品认证，并提交相应的申报材料。

2. **材料审核**　认证机构自收到认证委托人的申请材料之日起10日内，完成材料审核，并作出是否受理的决定。对于不予受理的，书面通知认证委托人，并说明理由。

3. **检查前准备**　认证机构根据稻田蟹对应的认证范围，委派具有相应资质和能力的检查员组成检查组，检查组制定书面检查计划，经认证机构审定后交认证委托人并获得确认。在现场检查前5日内，将认证委托人及养殖场、检查安排等基本信息报送至国家认监委确定的信息系统

4. **实施现场检查**　检查组根据认证依据对认证委托人建立的管理体系进行评审，核实生产、加工、经营过程与认证委托人所提交文件的一致性，确认生产、加工、经营过程与认证依据的符合性。检查组在结束检查前，对检查情况进行总结，向受检方和认证委托人确认。

5. **样品检测**　认证机构委托具有法定资质的检验检测机构对申请认证的产品进行检验检测。按照有机产品认证实施规则的规定，需要进行基地环境监测的，由具有法定资质的监（检）测机构出具监（检）测报告，或者采信认证委托人提供的其他合法有效的环境监（检）测结论。

6.**认证决定**　符合有机产品认证要求的，认证机构应当及时向认证委托人出具有机产品认证证书，允许其使用中国有机产品认证标志；对不符合认证要求

的，应当书面通知认证委托人，并说明理由。

二、绿色食品稻田蟹

1. 申请人提出申请 ①工作时限：申请人至少在产品收获、屠宰或捕捞前3个月，向所在地的绿色食品工作机构提出申请；②申请方式：登录"中国绿色食品发展中心"网站，下载《绿色食品标志使用申请书》及相关调查表，按照实际情况填写材料后提交至区级绿色食品工作机构。

2. 区级绿色食品工作机构受理审查

（1）工作时限　绿色食品区级工作机构自收到申请材料之日起10个工作日内完成材料审查。

（2）审查结果通知方式　绿色食品区级工作机构会重点审查申请人和申报稻田蟹产品条件和申请材料的完备性，向申请人发出《绿色食品申请受理通知书》。

（3）检查员现场检查　①工作时限与执行方式。绿色食品区级工作机构在稻田蟹生产期间组织至少两名检查员对稻田蟹产地进行现场检查。②检查环节。首次会议、环境调查、现场检查、投入品仓库查验、查阅文件记录、生产技术人员现场访谈、总结会。③检查结果。检查员形成《绿色食品现场检查报告》，区级工作机构向申请人发出《现场检查意见通知书》。

（4）产地环境和产品检测　①检测依据。申请人按照《绿色食品现场检查意见通知书》要求委托检测机构对产地环境、产品进行检测和评价。②检测时限。环境检测自抽样之日起30个工作日内完成；产品检测自抽样之日起20个工作日内完成。③检测单位。中国绿色食品发展中心指定的检测机构。④检测结果报送绿色食品省级工作机构和申请人。

3. 省级工作机构初审　①工作依据与工作时限。省级工作机构自收到申请人材料、《绿色食品现场检查报告》《环境质量监测报告》和《产品检验报告》之日起20个工作日内完成初审；②初审内容要求。申报材料完备可信、现场检查报告真实规范、环境和产品检验报告合格有效；③初审合格报送中国绿色食品发展中心，同时完成网上报送。

4. 中国绿色食品发展中心综合审查　中国绿色食品发展中心完成综合审查后提出审查意见，并通过省级工作机构向申请人发出《绿色食品审查意见通知书》。

5. 绿色食品专家评审及颁证　中国绿色食品发展中心在完成综合审查后组织召开专家评审会；中心根据专家评审意见，做出颁证决定。申请人与中国绿色食品发展中心签订《绿色食品标志使用合同》，并领取绿色食品证书。

第十章

天津地区稻蟹综合种养技术模式典型案例

第一节　蟹种规模化培育模式

案例示范主体——中化现代农业有限公司天津技术服务中心（以下简称"中心"）为全国农业社会化服务创新试点组织之一，位于西青区王稳庄镇。中心积极响应振兴天津小站稻行动，探索生态农业模式，充分合理利用稻田空间，发展稻蟹等综合立体种养。土地承包合同面积23 000亩，水稻种植面积20 000亩，实际稻蟹综合种养面积11 700亩。其中，蟹种培育养殖面积3 000亩，现将该中心稻田规模化蟹种培育模式介绍如下。

一、示范基地概况

蟹种规模化培育基地位于西青区王稳庄镇小孙庄村，独流减河与鸭淀水库之间，紧邻西西海生态湿地，水资源丰沛，良好的环境条件非常利于河蟹的生长。环境符合水稻产地环境技术条件和无公害农产品淡水养殖产地环境条件。基地壤土土质保水性好，水源充足，水质符合渔业水质标准。

二、配套关键技术

1. 田间工程

（1）单元种养面积　根据基地实际条件设置7个种养单元，每个种养单元面积420~430亩。较大种养单元长达1 000 m、宽400 m（图10-1）。

（2）田埂　稻田平整与田埂加固，4月底至5月初，对稻田进行平整，并加高加固田埂，使稻田保持一定水位（泡田）。田埂高出田面50~80 cm，顶宽30 cm，工具夯实使田埂坚固。

图10-1　稻田蟹种培育基地（红框区域）

图10-2　稻田工程

（3）工程模式　利用稻田间进排水沟作为河蟹养殖沟，每个养殖单元30~32个养殖沟，每个养殖沟（进排水沟）宽2.5 m，深0.8 m，长约400 m。稻田中每隔20~30 m设置一条养殖沟。稻田四周不再专门设置环沟（图10-2~图10-4）。

图10-3　种养单元内部进水沟

图10-4　种养单元内部排水沟

（4）进排水设施　每个种养单元独立设置进排水设施，进排水口对角设置并用密网包裹，网目以河蟹苗种不能外逃为准，防逃但不阻水。排水口建在排水沟最低处。进排水管选用钢筋水泥涵管，管径40 cm，管口周围田埂夯实不留缝隙。养殖单元内部稻田为进排水槽控制稻田水位。

（5）防逃设施　在稻田四周用塑料膜、竹竿、尼龙网等材料建防逃墙。防逃墙由塑料膜和尼龙网缝合而成，尼龙网一部分埋入地下，一部分高出地面10 cm，塑料膜上端回折固定于拉紧的杆线上（图10-5）。防逃墙高出地面0.5~0.6 m，拐角处做成弧形，无褶皱，接头处不留缝隙。每个养殖单元进排水口设置严密坚固防逃网，蟹种养殖防逃网孔径不超过3.0 mm。

图10-5　防逃墙样式

2. 水稻种植

（1）品种选择　选择抗病抗倒伏，适合天津本地种植是优质品种，2022年中化农业天津中心主要种植天隆优619、津育粳22等优质水稻品种。

（2）育苗方式与秧田管理　遵照《水稻工厂化育秧技术规程》（NY/T 1534）的规定执行。移栽前3~5 d，苗床喷施内吸性杀虫剂，防治本田前期的稻水象甲、稻潜叶蝇等害虫。

161

（3）本田管理

①中心采样送中国农业科学院进行土壤养分物质测试，根据检测结果开展测土配方施肥。基地前茬作物为油菜，当季为水稻，2022年初基地采集送检5份土壤样品，土壤养分测试结果见表10-1。

表10-1 测土配方土壤测试结果

土壤测试项目	样品1	样品2	样品3	样品4	样品5
有机质（%）	1.52	1.13	1.38	1.83	5.41
铵态氮（mg/L）	28.3	29.6	28.5	30.1	31.2
硝态氮（mg/L）	0	12.3	0	16.4	5.6
磷（mg/L）	20.7	16.4	15.2	17.5	15.2
钾（mg/L）	171.9	165.7	178.8	212.2	201.3
钙（mg/L）	2 001.6	2 174.6	2 610.2	2 629.4	2 373.2
镁（mg/L）	457.3	486.7	450.7	460.4	501.6
硫（mg/L）	252.2	358.6	602.1	461.0	502.8
铁（mg/L）	74.2	68.0	55.3	44.2	50.7
铜（mg/L）	7.3	7.3	6.7	5.8	6.0
锰（mg/L）	19.1	13.6	8.9	15.0	11.6
锌（mg/L）	8.1	7.8	8.7	9.0	7.4
硼（mg/L）	9.67	7.35	11.57	6.07	9.36
pH	8.28	8.14	8.02	8.0	8.09
钙镁比	3.4	3.4	4.5	4.4	3.6
镁钾比	4.4	4.9	4.2	3.6	4.2

中心结合基地所在西青区王稳庄镇滨海盐土土壤类型、耕地壤土质地和目标产量要求，4月底至5月初，采用自配掺混肥料（BB肥，Bulk blending fertilizer）作为底肥，每亩用量为12.5 kg。施肥方式为一次性旋耕施肥，部分田块采用了侧深施肥技术，即在精准插秧的同时，在距水稻秧苗侧位3~4 cm且深度为5 cm的位置施以肥料的局部施肥技术。根据基地土壤营养状况和水稻长势施用尿素和叶面肥作为追肥，分别在秧苗返青（3.5 kg/亩）、分蘖（3.5 kg/亩）和抽穗（2.5 kg/亩）期施用尿素，叶面肥选用高磷高钾水溶肥每亩50 g，溶水后植保无人机喷施，保障水稻的丰产。

②采用水稻机插秧，天隆优619插秧密度控制在行距30 cm，株距14 cm；津

育粳22控制在行距30 cm，株距16 cm，保证蟹种培育期间蟹种适宜的活动空间。

③水层管理依据天津本地水稻需水规律和蟹种生长需求，调控不同阶段稻田的水层深度。插秧时灌水5~10 cm，返青期水层宜控制在3 cm以内，有效分蘖期宜保持水层在5 cm，分蘖末期不排水晒田，拔节至孕穗开花期水层宜保持在10 cm；灌浆乳熟期以5 cm浅水和湿润灌溉，间歇灌水，3~4 d灌水一次，后水接前水；成熟收获前10~15 d最后一次灌水3~5 cm。由于稻田中养殖蟹种，在整个稻田养殖季不晒田，保证蟹种适宜的水体活动空间，可提高蟹种成活回捕率。

④病虫草害防治。采用绿色植保种植技术体系，建设农药集中配药和废弃包装物处理中心减少农药污染。例如，使用飞防专用增效剂（专利号：ZL20161-1139380.2）、植物生长调节剂14-羟基芸薹素甾醇、丙环·嘧菌酯、三环唑、苯甲·嘧菌酯、春雷霉素等调节水稻生长和科学防治养殖中可能出现的稻瘟病、纹枯病、稻曲病、干尖线虫病等病害，二化螟、稻飞虱、稻纵卷叶螟、稻潜叶蝇等害虫以及稗草、水绵等病虫草害。

⑤水稻收获河蟹起捕后，根据水稻成熟情况适时收割水稻。

3. 蟹种规模化培育技术

（1）蟹苗选择　蟹苗来源于辽宁盘锦"光合1号"品种，选择活力强、肠道物充实、出池盐度4以下的大眼幼体，放养规格12万~17万只/kg。

（2）放养　根据天津地区气候条件，2022年6月4日起，陆续将大眼幼体均匀投放于稻田上风头水中。根据养殖条件和产量目标确定投放密度，每亩投放河蟹大眼幼体500 g，为高密度放养。

（3）投喂管理　在大眼幼体投放前期，由于稻田天然饵料较多，暂不人工投喂饲料。7月以后随着稻田天然饵料的减少，下旬开始逐渐投喂蟹苗专用配合饲料，饲料均匀撒在稻田边浅水处或养殖沟的浅水带，保证幼蟹正常摄食和生长。8月之前，每日傍晚投喂1次，日投饲量占蟹种总重的3%~5%，以前一日饲料略有剩余为准。8月至9月初，根据河蟹生长情况，控制投饲量或者暂停投喂，防止营养过剩造成蟹种的早熟。一般9月中下旬起捕前2周育肥，强化投喂储存营养准备越冬，饲料日投饲量占蟹种总重的5%~7%，至蟹种性腺颜色微黄停止育肥。

（4）日常管理　早晚巡田，及时检查防逃设施有无破损、饲料余缺、河蟹活动及水体水质变化等情况。发现异常及时采取措施。尤其在下雨或刮风时，防止幼蟹的逃逸。

（5）蟹种生长情况　8月17日，现场随机取蟹种58只，随机抽样20只测量体长、体宽、体重，平均体长23.43 mm，平均体宽25.93 mm，平均体重7.25 g；58只蟹种平均体重7.53 g。

10月11日，现场取蟹种56只，随机抽取20只分别测量体长、体宽、体重，平均体长28.96 mm，平均体宽32.01 mm，平均体重 15 g；56只蟹种平均体重11.61 g（表10-2）。

表10-2　蟹种生长情况

抽样日期（2022年）	20只平均体长（mm）	20只平均体宽（mm）	20只平均体重（g）	平均体重（g）（总体）
8月17日	23.43	25.93	7.25	7.53（58只）
10月11日	28.96	32.01	15.00	11.61（56只）

（6）蟹种起捕　在养殖单元内选择作业方便、运输便利处，设置陷阱诱捕蟹种（图10-6、图10-7）。

（7）越冬　越冬池面积1.5~15亩，冰下水深不低于1.5 m。储存密度不超过1 000 kg/亩，及时清除冰上积雪及覆尘，保持水中溶氧不低于4 mg/L。

图10-6　捕蟹陷阱

三、经济效益

通过稻蟹种养与附近其他种植户水稻单作的对比统计（表10-3），分析评估中心稻蟹种养的经济效益。

图10-7　捕蟹陷阱收蟹

表10-3　中心稻蟹种养的经济效益

水稻亩产量	产量增减情况	水稻亩产值	产值增减情况	蟹种亩产量	蟹种亩产值	亩新增成本	亩新增纯收入
635 kg	-2%	2 098元	+3.3%	22 kg	880元	270元	678元

由于稻蟹种养过程中蟹种生长的需要，在整个水稻种植过程不晒田，迎风水稻株可能出现少量倒伏，与附近其他种植户水稻单作比水稻减产约2%。但是，通过优质稻种种植管理和质量控制，单位面积水稻产值达2 098元/亩，比单作水稻产值反而增3.3%。经统计单位面积蟹种产量22 kg/亩，产值880元/亩。扣除新增蟹苗、饲料、防逃墙等成本合计270元/亩。虽然稻蟹种养水稻产量略微降低，但通过稻田蟹的养殖、优质大米生产和品牌创建，每亩新增纯收入678元，提高了单位耕地面积经济效益。

四、案例特点

（1）稻米品质溯源和品牌打造　中心采用了"MAP Beside"全程保障水稻品质溯源，通过联合益海嘉里公司进行加工销售，打造了高端小站稻"百年津沽"品牌，助力天津小站稻振兴。消费者可以通过手机扫描产品包装上的"MAP beside"溯源二维码标签，精确了解稻米产品的产地、种植、仓储、加工、品评和物流等信息，实现全程溯源。中心与益海嘉里联手，探索了小站稻的订单农业合作模式，共同制定了优质大米标准，严控重金属、农药残留等含量，通过科学种植、智慧监管和线上线下相结合的数字化渠道营销，携手打造优质天津小站稻，擦亮小站稻这个津沽名品牌。

（2）通过蟹种规模化培育，提高本土蟹种产量和效益　中心利用自身农技优势大规模种植天津小站稻品种，在稻田开展稻蟹综合种养实践。在机械化、智能化水稻种植基础上，中心在西青区王稳庄镇开展了规模化蟹种培育探索实践，取得了初步成功。中心基地近两年培育生产的蟹种除了满足自身来年稻成蟹养殖的需要外，还外销周边其他稻蟹种养殖区，提高了天津市本土蟹种培育供应和成蟹养殖需要，降低了外地蟹种病原携带的风险，对提高本地蟹种培育质量，增加稻田养殖社会生态效益，具有示范引导作用。

稻蟹种养模式中，水稻为蟹的生长提供丰富的天然饲料和栖息条件，蟹粪回田还可以促进水稻生长，很好地利用了水稻和蟹的生态关系。稻蟹综合种养的稻田相比普通稻田回报更高、利润更可观，达到了一水两用、一地双收、稳粮增效、稻渔双赢的效果。

第二节　高密度养殖模式

一、示范基地概况

聚粒香农场示范基地（图10-8）位于天津市津南区小站镇和双桥河镇交界，海河水系中下游，四周河网密布，水资源丰富，气候条件适宜，生态环境优越，为发展水稻种植和淡水养殖为主的特色产业提供了良好条件。聚粒香农场稻田蟹养殖面积305亩，水稻种植品种以U99为主、少量金稻919，河蟹品种为中华绒螯蟹，每年3月从辽宁盘锦购买。

图10-8　聚粒香农场

165

2021年，聚粒香农场被选定为3年期的稻蟹立体混养试验点，带动多家养殖户建立稻蟹养殖基地，为提升小站稻的高品质和绿色发展方向创造了一种高效益的种养模式。

二、配套关键技术

（一）田间工程

1. 环沟建设　环沟（图10-9）可于距田边4 m处开挖，沟宽4~5 m、深1.0~1.5 m。将挖出的土放在田埂上，夯实加固。田间沟，在田间开挖呈"井"或"王"字形，沟宽0.8~1.0 m、深0.5~0.8 m，田间沟与环沟相通。环沟、田间沟、暂养池应占稻田面积的3%。养蟹的稻田，田埂比一般单种植的田埂高一些，埂高在1 m以上，埂面宽3~5 m，底部不能低于6 m，可用新挖的田土来筑埂，要求夯实，防止逃蟹。

图10-9　环沟

2. 进排水　进排水口呈对角设置。进排水使用管道较好，水管两头都要用网包好，网中间更换两次，网眼大小根据河蟹个体大小确定。

3. 防逃设施　防逃设施一般使用聚乙烯网布、木桩用细绳相连，将聚乙烯网布上边用细线固定在细绳上，下边埋在泥中，一般木桩间隔80 cm左右为宜。内层用塑料薄膜悬挂在聚乙烯网布上，上边用针缝住，这种防逃墙比较坚固耐用，且造价低廉，维修简单方便。稻田养蟹需要有独立的进排水设施。进排水管道四周要压实，防止跑蟹或敌害生物进入。要保证灌得满、排得出，水位易于控制，安全可靠。

（二）水稻种植技术

1. 水稻品种　水稻品种应选择适应本地气候、耐肥、秸秆坚硬、不易倒伏、抗病性能良好、分蘖力强、高产优质的品种。示范基地选用的品种是U99和金稻919。

2. 水稻插秧方式 示范基地水稻种植时间一般为4月初育秧、5月中旬插秧，采用宽窄行插秧方式，行距可根据不同方式及插秧机作业实际进行调整，秧苗栽插深度控制在1.67~3.33 cm，插秧后田面水深保持3~5 cm，高温季节稻田水位保持在10~20 cm，有利于河蟹的生长。需要注意的是，田埂周围、围沟两边适当增加栽插密度，利用边行空间优势，可增加水稻产量。在实际操作中，采用小株密植、宽窄行插栽的方式，为河蟹提供良好的活动场所。

3. 水稻施肥与田间管理 在稻田移栽秧苗前10~15 d，进水泡田，进水前每亩施130~150 kg基肥。进水后整田耙地，将基肥翻压在田泥中，最好分布在离地表面5~8 cm。进水10 d后开始插秧，培育水中的底栖藻类和浮游生物，作为河蟹入池后的饲料。

（三）河蟹养殖技术

1. 苗种来源 选择体态健壮、活动力强、规格一致、经检疫无病害、由正规企业生产的蟹种。示范基地的蟹种为来自辽宁盘锦选育的中华绒螯蟹，以冷链方式低温运输引进蟹种1 000 kg，平均规格6.5 g/只。

2. 苗种投放 引进的蟹种先用5%的食盐水浸浴5~10 min。后暂养于消毒过的暂养池中（图10-10）。通过暂养让蟹种慢慢适应本地的养殖环境，提高入田后的成活率。5月28日，待水稻分蘗后，将暂养的蟹种采用地笼方式起捕。起捕的蟹种采用高锰酸钾溶液浸浴5~10 min，消毒后放养于成蟹养殖稻田中。

图10-10 暂养池

3. 投喂管理 示范基地以高效益绿色的河蟹养殖模式开展养殖。养殖过程中始终坚持绿色生态养殖，以投喂蛋白高，味道鲜的鲜杂鱼为主。约"三斤*半的鱼出一斤蟹"，稻田蟹肉甜膏红油浓、香肥味美。根据蟹种的摄食情况灵活机动掌握，随时进行食量调整，日投喂量占养殖动物体重的5%~8%。蟹种蜕壳期前后应适量减少投喂。

4. 日常管理 河蟹对生长环境非常敏感，稻田蟹养殖要做到勤巡田，早中晚各1次，特别是夜间巡视查看稻蟹的生长情况，很多问题情况都是夜间发现的，处理不及时会造成重大损失。巡一是检查防逃设施是否有破损，防止河蟹逃跑；二是检查河蟹吃食情况，合理调整投喂量；三是观察水质变化情况，及时调

---

* 斤为非法定计量单位，1斤 =500g。

节水质；四是检查病蟹情况，如患病应及时诊断治疗。

5. 成蟹捕捞 9月下旬至10月上旬河蟹基本养成，可及时起捕。一是利用河蟹昼伏夜出的习性，人工田边捕捉（晚上用灯光人工捕捞）。二是利用河蟹逆水的习性，采用流水法捕捞。通过向稻田中灌水，边灌边排，在进水口倒装蟹笼，在出水口设置袖网捕捞，并在蟹田内的进出水口附近下埋大盆，边沿在水底与田面相平，这样的效果较好。三是放水捕蟹，将田水放干使河蟹集聚到蟹沟中，然后用抄网捕捞，再灌水、再放水，如此反复2~3次即可将绝大多数的河蟹捕捞出来（图10-11）。

图10-11 成蟹

6. 育肥 起捕后的螃蟹可以放入育肥池内，投喂蛋白质含量高的配合饲料或新鲜野杂鱼，提高螃蟹的肥美度（图10-12）。

7. 起捕上市 9月下旬至10月，田沟中放置地笼网起捕，捕大留小，陆续上市。最好抓住中秋节前后河蟹市场价格好的时机，适时捕捞上市销售，增加收入。

图10-12 育肥池

三、经济效益分析

2022年10月15日，示范点养殖河蟹全部收获，成蟹收获时平均每只重125 g，每亩产成蟹15.02 kg，示范区成蟹总产量4 581.1 kg。按单价60元/kg计算，示范区成蟹产值274 866元。河蟹养殖成本：每亩稻田购买蟹种（蟹苗）需95元、鲜杂鱼98元、防逃塑料膜120元、人工费120元、水电费50元、其他费用150元（生石灰、运费等），示范区合计成本193 065万元。养殖河蟹总利润为81 801万元。10月20日，示范点种植水稻全部收获，示范点每亩平均生产稻谷550 kg，稻田共收获稻谷167 750 kg，按单价5元/kg计，稻谷产值838 750万元；水稻成本共计411 750万元。示范区稻田总利润为427 000万元。

示范点纯收益共为508 801元。养殖情况统计详情见表10-4，经济效益核算详情见表10-5。稻田综合种养高密度养殖模式是绿色健康的生产模式，是促进渔业增收和渔民增收的"摇钱树"。

表10-4 养殖情况统计

品种	总产量（kg）	亩产量（kg）	饲料日用量（kg）
河蟹	4 581.1	15.02	400

表10-5 经济效益核算

	成本		收益	
	项目	金额（元）	项目	金额（元）
河蟹养殖	苗种	28 975	河蟹	274 866
	饲料	29 890		
	防逃塑料膜	36 600		
	水电费	15 250		
	租赁	0		
	人工费	36 600		
	其他费用	45 750		
	合计	193 065	合计	274 866
水稻养殖	投入成本	411 750	水稻	838 750
	总计	604 815	总计	1 113 616

四、案例特点

聚粒香农场稻蟹种养高密度养殖模式特点是稻田蟹生长发育快，品质好，效益高，同时也使小站稻有了新的生命，赋予了稻子不一样的蟹味。高密度立体的种养模式提高了产品的附加值，扩大了种养规模，带动了垂钓、露营等第三产业的发展，实现了多产业的融合，提升了品牌辨识度，节约了人力成本，提高了农民收入。该模式为行业提供可复制的稻蟹立体混养方法，提高了稻蟹系统的可持续发展，为老百姓提供了更加健康、绿色的产品。

第三节　高产养殖综合模式

一、示范基地概况

示范基地为天津市宁河区绿萝家庭农场，位于天津市宁河区东棘坨镇毛毛匠村（图10-13、图10-14）。该农场成立于2020年，是一家包括谷物种植、果蔬种植、水产养殖以及休闲观光于一体的综合养殖农场。农场发挥了种植业与渔业综合发展的理念，在传统的稻田种植的基础上，通过稻田养蟹的生产模式，充分利用了水稻面积和水域空间，采用现代科学方法提高农作物的生态空间利用率，更大限度发挥了土地资源潜能。

图10-13　农场地理位置

图10-14　农场养殖区域

二、配套关键技术

1. 水稻种植技术

（1）环境条件　绿萝家庭农场开展了600亩稻田与河蟹综合种养工作，养殖场土质良好、水源充足，环境符合水稻产地环境技术条件和无公害农产品淡水养殖产地环境条件，同时养殖场紧邻卫星引河、潮白河与蓟运河，水源充足无污染，良好的环境条件利于稻蟹的养殖与生长。

（2）种植品种　养殖场种植的水稻品种以津原U99为主，同时伴有少量津原89。其中津原89的种植数量约占U99数量的1/10。

（3）插秧情况　养殖场在水稻插秧的环节采用机械化插秧的方式，水稻种植按行距30 cm、株距18 cm进行插秧，时间掌握在5月中旬。

（4）水层管理　养殖过程前期水位较浅，后期水位相对深一些。插秧时灌水约5 cm，分蘖完成后开始排水，排干水后晾晒3~4 d。晾晒后再上水至25~30 cm，每4~5 d适当换一些新水，保留水位约30 cm，保持水质清新和水位稳定。

（5）施肥与用药　插秧前2~3 d进行施肥，采用底肥深埋的方式，使用缓释复合肥。用量为每亩地20 kg。养殖期间还需要追加氮肥，使用尿素施肥，每亩地用量共计13 kg，分3次进行，平均一次施肥量每亩地不超过5 kg。

整个养殖过程严格按照《农药安全使用规范》的规定使用农药，养殖全程未曾使用重农药。

2. 河蟹养殖技术

（1）养殖条件 养殖场环境条件优越，紧邻卫星引河、潮白河与蓟运河，具备优良且充足的水资源，符合水稻产地技术条件和无公害农产品淡水养殖产地环境条件。且稻田排灌便利，更加有利于农作物种养殖，环境条件非常适合开展稻蟹养殖。

（2）环境设施 田埂改造：在稻田四周堆建田埂，田埂高度需要高出田面约50 cm，宽度30 cm，并夯实加固。

沟渠设施：作为稻蟹养殖需要布设环沟，养殖场的稻田周围有天然沟渠，养殖者在原有基础上进行适当整理即形成环沟。利用原有条件形成宽度约1 m、平均深度约为0.5 m的环形沟，坡比为1:1。沟渠面积不超过稻田总面积的10%。

进排水设施：在现有环境基础上分别设置进、排水渠，宽度约8 m，深度约1.5 m。进水口略高于田面，排水口设在环沟低处。进排水口分别用双层聚乙烯网包裹好，网眼大小以保障投放蟹苗不会漏出为准，既保证水流畅通又防止外逃。

防逃设施：在稻田四周设防逃网，用黑色塑料膜与竹竿建成防逃墙。用长度70~80 cm的竹竿插入地下20 cm左右，露出地面部分约50 cm，将塑料膜用细绳拉紧并绑在竹竿上，拐角呈弧形，交界处衔接完整，整体形成一个圈，起到防止外逃的作用。

（3）河蟹养殖 苗种选择：该农场选择蟹种作为苗种养殖成蟹，苗种来源主要为"光合1号"，也有部分宁河本地苗种。采购时选择个体均匀、肢体完整、活力良好的苗种，规格为120只/kg。

苗种投放：农场4月采购的蟹种在暂养池中进行暂养，6月初将蟹种投放到稻田中开始养殖，投放密度为每亩地投放7.5 kg。

养殖投喂：由于苗种放养密度较高，养殖场特别注重全程强化投喂，以保证河蟹充分摄食。在管理中注意的是，前期投喂不采用高蛋白含量的饲料，否则不利于螃蟹脱壳，脱壳期投喂脱壳素，养殖后期选用高蛋白饲料进行投喂。

养殖前期每天投喂1次河蟹专用饲料，日投喂量占河蟹体重的5%~8%，同时利用水体中天然的动物性饵料，如鲜活的小杂鱼、螺等进行有益的饵料补充（图10-15）。

图10-15 稻田中具备充足的螺类

养殖中期阶段，稻田与环沟中的水草生长较快，为河蟹提供了充足植物性的饵料。但由于河蟹投放密度大，仍然需要加强饲料投喂。每天投喂1次，喂3 d停1 d。在进行商品饵料投喂的同时，投喂煮熟的老玉米，不采用新玉米的原因主要是新玉米淀粉含量高、能量物质少。

养殖的育肥期基本上从8月下旬开始，投喂以谷物、杂鱼虾等混合进行投喂，投喂植物性饵料和动物性饵料二者比例为1∶1。同时投喂蛋白质含量为42%的河蟹饵料，以充足的营养保障河蟹的生长。每天投喂1次，日投喂量占河蟹体重的3%~5%。

（4）病害防控　养殖场始终坚持预防为主、防控结合的原则。严格把控苗种质量关。蟹苗投放之前进行消毒，采用5%的盐水进行浸泡。养殖期间随时注意河蟹的生长及活动情况，加强日常管理，注意水质调控。养殖过程中注意补充营养，适时、适量使用脱壳素。河蟹没有发生病害，未使用药物。

（5）河蟹捕获　养殖场于9月中旬开始捕获河蟹，至10月中旬结束。主要采用地笼捕捞的方式进行。捕获前1周开始排水，水位保持刚好在稻田以下，河蟹聚集于沟渠中，通过铺设地笼进行捕捞。随着捕捞量减少，再逐渐降低水位至近排水渠水深0.5 m左右。捕获的河蟹暂养在稻田沟渠边的池子中，以备随时上市出售。

（6）生长情况　养殖场分别于8月24日和10月13日两次对稻田蟹的养殖生长情况进行测量，现场记录体长、体重（表10-6）。

表10-6　养殖场河蟹生长情况

日期	采样数量（只）	平均体长（mm）	平均体宽（mm）	平均体重（g）
8月24日	16	53.6	58.5	87.6
10月13日	20	54.3	59.8	95.1

10月现场采样成蟹进行测量时，已经开始捕捞出售。测量结果雄性平均体重111 g、雌性平均体重79 g，雄蟹明显大于雌蟹（图10-16）。而且，河蟹行动敏捷、十肢矫健、蟹肉丰满、膏满黄肥，品质优良。

图10-16　养殖场采样成蟹

三、经济效益

稻谷亩产量600 kg，抽样每千克稻谷脱粒后为0.7 kg稻米，实际亩产量为420 kg稻米。减去土地承包费、肥料费、药物费、水电费等开支，净利润为每亩地400元。

河蟹产量为每亩地34 kg，共捕获2 000 kg河蟹，平均售价每千克27元，除去基础设施建设、饵料费、水电费、人工费等开支，河蟹养殖利润为每亩地600元。

四、案例特点

该养殖场采用综合养殖生产模式，将水稻生产与水产养殖有机结合起来，并且充分运用了现代农业技术措施，大力发展现代种养业，构筑起河蟹和水稻为主体的生态养殖系统。又兼顾了休闲农业，推进农业新产业，达到了"一地三收"的效果，推动了农业增效、农民增收和农村增实力，达到高产、高效、立体开发综合利用的目的，为实现农业农村现代化提供养殖经验。

1. 种植与养殖特点

（1）水稻品种选择 养殖场选择了津原U99与津原89混合种植的方式，根据稻秧长成的高度，津原U99稻秧相对高出津原89约10 cm，将10%的津原89与津原U99均匀混合插秧，起到防止倒伏的效果。

（2）水稻插秧方面 稻田中没有设定成型的条形沟，通过养殖实践总结，在进行水稻插秧时，可以每插秧一定宽度后便少插一垄秧苗，使稻田中每间隔一段距离就形成约40 cm左右的条形空间，从而为河蟹更好地爬进稻田觅食与隐蔽提供空间，也可以起到条形沟的部分作用。

（3）在养殖单元划分方面 目前养殖场划分100 m宽度为一个养殖单元，通过成蟹捕捞发现，在捕获的过程中出蟹相对较慢。如果改进水稻养殖单元的宽度为30 m左右，那么在成蟹捕捞的时候能够更大限度地提高效率。

（4）养殖投喂方面 养殖场特别注重投喂方面的日常管理，在投喂方式上除了采取常规人工投喂之外，还通过无人机泼洒的方式对稻田区域全面进行饲料投喂，使河蟹不用长距离爬行就能摄取到食物，从而提高稻田蟹摄食的效果，更加有利于河蟹的生长。

2. 农场管理特点

（1）运用现代科技 农场在稻田中全部架设了监控摄像头，通过互联网上传监控影像，通过手机就看到稻田实时景象，有助于管理者更加便捷地进行管理（图10-17）。

（2）网络平台推广 养殖者还建立了"绿萝农场"微信小程序，通过网络平台对养殖场进行宣传（图10-18、图10-19）。小程序中既有农场基本情况

图10-17 监控摄像头传输到手机的实时画面

介绍，使用户可以充分了解农场的情况；又有网上商城进行农产品的销售，可以使大家足不出户就能购买到优质农产品。各种小程序模块的运行，充分体现了现代农业与网络数字化相融合的优势。

图10-18　微信小程序扫码

图10-19　农场小程序界面

（3）宣传品牌效应　绿萝家庭农场是一家包括谷物种植、果蔬种植、水产养殖以及休闲观光于一体的综合养殖农场。农场非常注重农产品的品牌效应，无论果蔬类与水稻，都创建了自己的品牌，并注重推广与宣传（图10-20~图10-22）。

图10-20　广告宣传

图10-21　稻米品牌包装

图10-22　瓜果包装标识

（4）开展休闲农业　农场积极开展休闲农业，提出了"智慧认养，体会农耕乐趣，一亩地一分田，享受农田生活"的理念，面向市民开展稻田认购。农场推出"一分田农夫体验"套餐，一年费用365元。市民采用全托管的方式，由农场负责育秧、种植、施肥、收割等。认购市民可通过手机随时了解水稻生长情况。待到收获的季节，认购人可以收获专属于自己的绿色水稻与河蟹，也可以带家人到农场享受农耕体验的乐趣，还可以九折享受农场出售的各类农产品。既能充分体会丰收的喜悦，又能吃上更加放心的农产品（图10-23~图10-26）。

图10-23 休闲农场

图10-24 西瓜节与钓蟹节

图10-25 市民认购的稻田（1）

图10-26 市民认购的稻田（2）

第四节 宁河区高产养殖模式

在稻田中套养河蟹不仅能增加收入，还能防止水稻病虫害的发生。不仅丰富了河蟹的饵料，给河蟹喂养的微量元素和河蟹排泄物又是水稻的营养料，同时稳定了稻谷的产量，一举两得。宁河区稻蟹综合种养由来已久，稻蟹综合种养是廉庄镇的优势农业，总面积2万多亩，其中于怀村种养殖户孙某开展稻蟹综合种养已有8年时间，种养殖技术娴熟，经验丰富，取得了产量与效益双丰收。

一、示范基地概况

宁河区于怀村稻渔种养殖户孙某，种养殖区坐落在宁河区廉庄镇于怀村，面积3 000亩，位于蓟运河与潮白河、卫星引河、西关引河围绕的区域内，天然地理位置佳，水资源丰沛。当潮白河水位低时，蓟运河水顺势而下，相反潮白河水流经而至，同时带来了大量天然饵料，丰富了河蟹的摄取食谱，河蟹不仅发病少，而且肉质鲜美，充分体现出河蟹青背白底、金爪黄毛的优良品质。水稻种植面积3 000亩，进、排水沟与田间沟占总面积的10%。沟渠贯穿其中，交织成网状，利用沟渠把稻田分割成约300亩的种养单元。沟渠内长满芦苇和蒲草，形成天然的"森林"架构，为河蟹提供了良好的生长环境，河蟹蜕壳期间可以躲避其间，高温季节能够避暑；"森林"体系内含有丰富的天然饵料，芦芽嫩香，为河蟹提供了优质的水生动、植物蛋白质；同时还有庞大的有益微生物群落，持续地调节水质和土壤环境。基地壤土土质保水性好，环境符合水稻产地环境技术条件和无公害农产品淡水养殖产地环境条件。

二、配套关键技术

1. 田间工程

（1）稻田选址　稻田水源丰沛，水质良好，田地土质保水性好，埝埂坚实不漏水。稻田有井、排水沟，稻田相对低洼，在干旱季节能保住水，同时在连雨季节排水不受影响。

（2）单元种养面积　根据地形条件设置种养单元，单元面积为300亩。

（3）沟坑　田间沟加上进排水渠占稻田面积的10%。

（4）稻田埝埂　每个种养单元的四周修筑稻田埝埂，埝埂高出田面100 cm、顶宽50 cm，用工具夯实使埝埂坚固，防止水流冲刷和河蟹挖洞造成的溃堤。

（5）工程模式　利用现有进、排水渠，疏浚清淤后，进、排水渠宽4 m，深1.2 m；稻田四周有环沟，宽1.5 m，深1.0 m；田间沟贯穿其中，交织成网状。进、排水渠相对设置，进、排水口用聚乙烯网包好，进水口和排水口成对角设置，进水口略高于田面，排水口设在环沟低处，由PVC弯管控制水位，保证整个种养期稻田水的畅通，可以使水体在无动力情况下顺势流出；进、排水管选用水泥管，管径500~600 cm，进、排水管道口周围田埂夯实、不留缝隙，防止流水冲垮埝埂。

（6）防逃设施　①进排水口防逃设施。进、排水口用双层聚乙烯网包裹，网眼大小以养殖河蟹不能外逃为准，能防逃但不阻水，同时防止敌害生物由进水口进入。②稻田埝埂防逃设施。埝埂防逃设施及防逃墙是由支杆和塑料薄膜构成的，即在埝埂四周均匀地插上长70 cm、直径1 cm的支柱，支柱间隔50 cm，支柱插入地下15 cm，然后用细铁丝在支柱上端依次将支柱连接牢固；将宽60~70 cm的塑料薄膜下边埋入地下8~10 cm，外侧用支柱支撑，上边与支柱上端的细铁丝拴牢；拐角处做成弧形。

2. 水稻种植（稻作）技术

（1）品种选择　水稻选择优质、高产、抗病、抗倒伏的津原U99品种。

（2）育苗方式　按照《水稻工厂化育秧技术规程》（NY/T 1534—2019）的

规定执行。

（3）施肥管理　水稻种植前，旋耕施足底肥，一次性施用复合缓释肥，40 kg/亩；追肥使用尿素，分3次施用，总计20 kg/亩。

（4）机械化移栽　稻秧机械化插秧，行距20 cm，株距18 cm；插秧时间5月10日前后。

（5）水层管理　依据水稻需水规律和蟹种生长需求，调控不同阶段稻田的水层深度。插秧时灌水3~5 cm，返青期水层控制在3 cm以内，有效分蘖期保持水层在10~15 cm，分蘖末期不晒田，拔节至孕穗开花期水层宜保持在10~15 cm；灌浆乳熟期以15 cm浅水和湿润灌溉、干干湿湿为主（间歇灌水，3~4 d灌水1次，自然渗干，后水接前水），成熟收获前10~15 d最后1次灌水10 cm。

（6）病虫害防治　病害：立枯病、稻瘟病等；虫害：二化螟、稻飞虱等；杂草：稗草、水绵等。防治虫害可使用过康宽、福戈等药物，采用无人机喷洒方式进行。

（7）水稻收获　河蟹起捕后，适时收割水稻。

3. 河蟹养殖技术

（1）品种及来源　苗种来源于辽宁盘锦"光合1号"，蟹种为"光合1号"大眼幼体自行培育。

（2）蟹种越冬及管理　在稻田的一角，有10亩的暂养池，水深1.5 m，连同进排水沟渠也作为越冬池。冬季经常巡塘，及时清除冰上积雪，保持水中溶解氧不低于4 mg/L。开春冰冻融化后，适当投喂煮熟玉米和野杂鱼，以投喂后2 h吃完为准，恢复蟹苗体质。

（3）成蟹养殖。

①消毒处理放养前用5%盐水浸泡20 min。

②投放时间4月中旬投放蟹种。

③投放密度与规格选择活力强，爬行速度快，反应敏捷，步足伸缩自如，没有残肢，未出现性早熟的个体，投放密度5 kg/亩，规格120只/kg。

（4）日常管理　观察河蟹的活动是否正常；了解稻田水体的溶解氧，观察有无河蟹上岸现象；及时清除河蟹的敌害；保护软壳蟹；埝埂、防逃墙及过滤网等设施维修保养。

（5）病害防控　整个养殖周期水质优良，没采取特殊措施，未出现集中发病；养殖群体中发现个别患"牛奶病"个体，未出现大面积发病。一是患病个体随温度升高自然消亡；二是整个养殖周期均出现白鹭，白鹭是国家二级保护动物，掠食了一部分河蟹个体，尤其是在苗种刚刚投放、稻秧还没有茁壮成长阶段。

（6）饲养管理　放养后，环境中有丰富的天然饵料，诸如枝角类、桡足类、螺、蛤，不用进行投喂；8月之前，每日17: 00点投喂 1 次，日投饲量占蟹种总重的3%~4%，投喂商品饵、煮熟玉米、大豆、野杂鱼等；8—9月投喂煮熟玉米和大豆，日投饲量占蟹种总重的5%~7%；9月进入育肥期，强化投喂商品饵料，占体重的5%，至性腺肥满为止。整个养殖周期投喂的玉米和大豆占总量的60%。

（7）生长情况监测见表10-7。

表10-7　河蟹生长情况监测

日期	样本数量（只）		平均体长（mm）	平均体宽（mm）	平均体重（g）
8.24	20	雌10只	48.63	52.81	72
		雄10只	49.55	55.18	
10.13	20	雌10只	51.77	55.81	87.4
		雄10只	54.62	60.04	

从8月和10月现场采样测量结果可以看出，雄蟹明显大于雌蟹，完成生殖蜕壳后体重明显增加，较8月平均体重增加21.4%。

（8）捕捞　8月下旬开始降低水位，河蟹逐渐收集于近排水渠中，采用地笼捕捞河蟹；捕捞的河蟹经过筛选，选择肥满度好的进行销售，销售规格75 g/只以上，差一些的继续育肥（图10-27、图10-28）。

图10-27　捕捞时的稻田

图10-28　捕捞出的成蟹

三、经济效益

稻谷产量550 kg/亩，抽样脱粒后0.7 kg稻米/kg稻谷，实际产量385 kg稻米/亩。其中100亩水稻以稻米销售，批发8元/kg，零售10元/kg，平均9元/kg；其余2 900亩以稻谷销售，售价2.8元/kg。土地承包费1 100~1 200元/亩，除去秧苗、肥料、药物、水电等开支，净利润300元/亩。河蟹产量15 kg/亩，销售规格10~12只/kg，售价65元/kg，最后少量尾货16元/kg，除去基础设施建设、苗种、饵料、水电、人工等开支，净利润600元/亩。

四、案例特点

养殖水源来自一级河道潮白河与蓟运河，水资源丰沛，水质优良，同时带来大量的天然饵料，成蟹蟹肉丰满、肉质鲜甜、膏满黄肥，充分体现出青背白底、金爪黄毛的优良品质。

本养殖模式投放密度相对较高，经济效益也相对较高，为高品质、高效稻蟹综合种养提供案例。

第五节　武清区大规格蟹养殖模式

一、示范基地概况

傲然家庭农场成立于2020年4月，坐落在武清区上马台镇王三庄村，紧邻上马台金泉湖水库，水质清甜，适宜发展稻蟹综合种养，注册了"上马台佳傲然大米"小站稻品牌。近年来，上马台镇大力支持"稻蟹共生"生产模式，依托金泉湖优质水源，不断优化农田环境，实现"一水多收"（图10-29~图10-31）。农场水稻种植规模3 000余亩，其中稻蟹综合种养面积2 650亩。2022年，水稻平均亩产达700 kg，亩效益400元；亩产河蟹达20 kg，亩产值850元，亩效益400元。

图10-29　傲然家庭农场远景

图10-30　傲然家庭农场一角

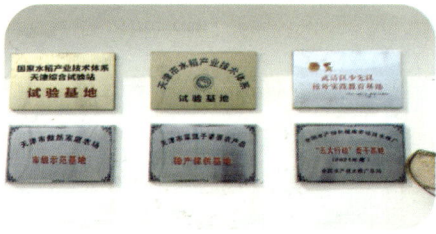

图10-31　傲然家庭农场所获荣誉

二、配套关键技术

1．田间工程　稻田田埂加高至50~60 cm，顶宽50~60 cm，底宽100 cm左右，充分夯实田埂，以防河蟹挖洞逃跑，在田埂内侧距田埂60~80 cm处挖环沟，环沟宽60~80 cm，深50 cm左右。环沟挖好后，用生石灰或漂白粉对田块进行消毒，生石灰用量为100~150 g/m²，漂白粉用量为7.5~15 g/m²。

稻田对角处设进排水口，进、排水管长出埂面30 cm，管口套防逃网，防逃网目尺寸以蟹种不能通过为宜，同时防止杂鱼等进入稻田，与蟹争食。

蟹种放养之前在稻田四周设置防逃墙，进水口加防逃网。防逃墙材料采用防老化的塑料薄膜，将塑料薄膜折成双层，下端埋入泥土中15~25 cm，出土部分高50~60 cm。将塑料薄膜拉直，向池内地面折成80°~90°角，紧贴塑料薄膜外侧每隔50~90 cm插一个木桩，用细铁丝固定，防逃膜光滑无褶，拐角处呈弧形，接头处无缝隙。

2. 水稻种植情况　傲然农场种植多种水稻品种，"稻蟹共生"模式下主要培育了小站稻金稻919、U99和高产品种津育粳22，采用"富硒"和生物防控等技术措施提高水稻品质。2022年生产919、U99精品水稻约280 t，富硒大米、含花青素大米等更多精品水稻，在丰富产出、增加效益的同时，进一步保证了产品质量和安全（图10-32、图10-33）。

图10-32　稻田生长期

图10-33　稻田成熟期

傲然农场重视引进先进的机械化插秧、施肥、撒药设备，并引进天津市农科院小站稻科技服务站推广的小站稻旱地直播技术。

旱地直接播种后，浇一次水，保证出苗率。约1周出苗后，再浇一次水，以确保出土的秧苗可以做到苗齐、苗壮。该技术不需育秧、打浆耙田和插秧，有助于小站稻稳产高产，节水节药增效，每亩地约可减少生产成本200元。

稻田的施肥与病虫害防控工作主要委托专业无人机植保飞防作业服务团队开展，服务队根据合同内容施肥3次，施用肥料主要包括硅锌肥、尿素、氮磷钾肥等。其中，硅锌肥有促进水稻快速分蘖的作用，能有效提高水稻植株的抗病性、抗寒性，增加穗粒数，降低空秕率，增加结实率，增加产量，达到保产稳产的目的，一般与尿素一起撒施。氮元素对水稻生育和产量的影响最大，水稻对氮素营养十分敏感，是决定水稻产量最重要的因素。磷素供应充足，水稻根系生长良好，分蘖增加，代谢作用旺盛抗逆性增强，并有促进早熟和提高产量的作用。钾对植物体内多种重要的酶有活化剂的作用。适量钾能提高光合作用和增加稻体碳水化合物含量，并能使细胞壁变厚，从而增强植株抗病抗倒伏的能力。在水稻生产全过程开展农药喷洒 4 次，施用的是20%的氯虫苯甲酰胺悬浮剂，用量为每亩10 mL，可有效防治稻纵卷叶螟、二化螟、三化螟、大螟，对稻瘿蚊、稻象甲、稻水象甲等水稻虫害，保护水稻生长。蟹田草害一般较轻，主要通过蟹和水稻共生来解决水稻的草害问题。

3. 河蟹养殖情况　傲然农场苗种选用盘锦光合1号大眼幼体及蟹种，并自育出大规格蟹种作为河蟹苗种，可有效提高养殖过程中的成活率。每年放养大眼幼体养成蟹种，经越冬后培育成大规格苗种，蟹种规格达到28 g。农场自己培育出的蟹苗规格大、体质壮、病害少，成活率为60%~70%。在成蟹养殖同时套养蟹苗，也可有效利用水体，提高产出率（图10-34、图10-35）。2023年，在天津市水产研究所的指导下，农场从江苏省引进了长江蟹苗，进一步提高了养殖过程中的成活率及成蟹品质。

图10-34　自育蟹种

图10-35　自育河蟹

苗种放养前1个月，将复堆河及蟹沟内的水排干，曝晒数日，再灌水5~10 cm深。11月，将13 g/只左右规格的蟹苗放入复堆河内暂养，至翌年6月，待稻田的各项作业结束、农药和化肥的残效期过后，将蟹苗移入秧田，放养密度为每亩110只左右。水稻和河蟹的生长均要求水体中溶氧充足，水质清爽、嫩活。因此，春季水位控制在20 cm左右。随着水温的升高和秧苗的生长，逐步提高水位至30 cm。进入夏季高温季节后，为了增加溶氧和降低水温，一般每5~7 d换水1次。为了照顾河蟹的傍晚摄食活动，换水一般在上午进行。

每年5月底至6月初放养蟹苗，放养规格为9只/kg，放养密度约为150只/亩。养殖过程中基本不投饵料，后期投喂部分河蟹专用高蛋白配合饲料每天投喂3次，每次投喂7.5 kg，此外再投放一些适宜螃蟹摄取的玉米、豆粕等。

三、经济效益分析

1. 河蟹效益　成蟹收获时平均每只重250 g，每亩产成蟹30 kg，示范面积为

176 hm², 共产成蟹79 500 kg, 按照单价60元/kg计算, 示范区成蟹产值共477万元。河蟹养殖成本: 每亩稻田购买蟹种(蟹苗)需65元、配合饲料165元、防逃塑料膜140元、人工费150元、水电费40元、其他费用200元(蟹药、运费等), 合计成本201万元。示范区每年养殖河蟹总利润为276万元(表10-8)。

表10-8 养殖情况统计

品种	总产量(kg)	亩产量(kg)	饲料日用量(kg)	饲料系数
河蟹	79 500	30	400	3.5

2. 水稻效益 据调查, 该示范区水稻示范面积200 hm², 每亩产值为700 kg, 共产稻谷210万kg, 按照单价3元/kg, 稻谷产值为630万元, 扣除种植水稻各项成本510万元, 示范区稻田总利润为120万元。示范区纯收益共为396万元(表10-9)。

表10-9 经济效益核算

	成本		收益	
	项目	金额(万元)	项目	金额(万元)
河蟹养殖	苗种	17.225	河蟹	276
	饲料	43.725		
	防逃塑料膜	37.1		
	水电费	10.6		
	人工费	39.75		
	其他费用	53		
	合计	201.4		
水稻养殖	投入成本	5 10	水稻	120
总计			396	

四、案例特点

该农场是典型的高产量低密度精养模式, 养殖过程中基本不投饵料。据调查, 2023年成蟹规格达到350 g比例为15%~20%, 达到250 g比例为80%以上, 成活率达90%以上, 产量高达30~35 kg/亩。

该农场采用的稻蟹共作种养模式, 二者互利共生, 稻田为河蟹提供良好的栖息环境及部分饵料, 河蟹产生的粪便用以肥沃稻田。采用种养结合的方式进行稻田养殖, 不仅可以减少化肥、农药使用量, 同时也节约了生产成本、提高农产品品质、促进种植业和养殖业双丰收。

第六节 盐碱地稻蟹养殖模式

一、示范基地概况

滨海新区地处华北平原北部，东临渤海，地平开阔，水系发达，河渠密布，在全市渔业发展中占有重要地位。天津市健源农业种植示范基地（图10-36）位于天津市滨海新区北塘街港城大道北侧，稻蟹综合种养面积为500亩。利用现有沟渠开展盐碱地稻蟹养殖，中华绒螯蟹来自天津本地。种植水稻为优良小站稻品种津源U99、津育粳22。

图10-36 天津市健源农业种植示范基地

二、配套关键技术

（一）田间工程

1. 环沟建设 蟹池改造时，田埂加高加固夯实，沿田埂内侧向四周挖土，使田埂高出田面45 cm、埂宽40 cm。稻田四周沿田埂挖环沟，宽1 m，深1 m，坡比为1.2~2.0∶1。田块中间挖2~4条宽50 cm、深30 cm的田间沟，田间沟与环沟相通，其形状为"十"或"井"字形，供养殖河蟹爬进稻田觅食、隐蔽用。开挖总面积不超过稻田总面积的10%，见图10-37。

2. 进排水 利用已有的稻田进排水渠，把进排水口用网布包好，网眼大小以养殖水生动物不能外逃来确定，能防逃但不阻水，定时检查更换网布。

3. 防逃设施 防逃墙（图10-38）设施在上一年水稻收获后、地块未上冻前修建。如当年开春后修建，则应在稻田水位下降、土壤干硬后、易于

图10-37 环沟

防逃膜固定时进行。一般在稻田四周用塑料膜、竹竿等材料建防逃墙。防逃墙上部高出地面50~60 cm，将长75 cm 左右的竹竿埋入地下15~20 cm，用细绳拉紧绑在竹竿上，竹竿距离东西向40 cm，南北向50~60 cm。塑料膜一端钉在绳子上，一端埋入地下 10 cm，拐角处做成弧形，无褶无皱，接头处光滑不留缝隙。

（二）水稻种植技术

1. 水稻品种　水稻品种选择适应本地气候、耐肥、秸秆坚硬、不易倒伏、抗病性能良好、分蘖力强、高产优质的品种。示范基地选择的水稻品种为津源U99和津育粳22。

2. 水稻插秧方式　示范基地一般在5月中旬前后插秧，插秧可采取宽行窄株、宽行密株、大垄双行等多种方式，行距根据不同方式及插秧机作业实际进行调整。通常每亩稻田插秧

图10-38　防逃网

11 000~11 500穴，行距30 cm，株距18~21 cm。田埂周围、环沟两边适当增加栽插密度，利用边行空间优势，增加水稻产量。

3. 水稻施肥与田间管理　水稻以基肥为主、追肥为辅，增施有机肥和生物肥。基肥占全年施肥总量的70%，追肥占30%。稻田消毒后2~3 d。在耙地前一次性施入腐熟的有机肥作为基肥。插秧后根据植株生长情况追肥2~3次。在幼穗分化第三期施肥，根据品种、长势和气候等施复合肥。稻田经常保持3~5 cm水层。水稻拔节、抽穗、扬花、灌浆期水位加深，高温季节稻田水位保持在10~20 cm，利于养殖河蟹的生长。

4. 水稻病害防控　水稻秧苗移栽前2~3 d，对秧苗普施高效农药1次，以防止水稻病虫害带进大田中。水稻主要病虫害有纹枯病、二化螟、稻飞虱等，为提高稻田养蟹的安全性，应采取以物理和生物防治为主的措施进行控制。密切关注植保部门的预测预报，当病虫害达到防治指标时，应按照病虫害防控用药国家有机标准的规定选择和使用农药。

三、河蟹养殖技术

1. 苗种来源　选择活力强、肢体完整、规格整齐、体色有光泽的蟹种。示范基地的蟹种为天津本地河蟹苗种，规格为120~160只/kg。

2. 苗种投放　暂养池水深0.6~1.5 m。放养前一周消毒。河蟹暂养从4月上旬开始，蟹种在放养前用20~40 g/m³水体的高锰酸钾或3%~5%的食盐水浸浴

5~10 min。暂养密度每亩3 000只左右。蟹种放入暂养池后投喂优质河蟹人工配合饲料，投饵量一般为河蟹体重的3%~5%，每天傍晚投喂1次，根据蟹种的摄食情况灵活掌握、进行调整。

3. **投喂管理** 加强养殖生产管理，特别是投喂管理，前期投喂量为河蟹总体重的5%~10%，日投喂2次，早晨1/3、傍晚2/3。后期投喂河蟹总体重的5%~8%，傍晚一次投喂。河蟹蜕壳期减少投喂，待蜕壳完成后及时恢复投喂，避免因饲料不足引起相互蚕食。定期检测水中的溶氧量，当溶氧量低于3 mg/L时，及时换水补充新水。

4. **日常管理** 做好日常管理，坚持每天早晚巡塘检查，了解河蟹摄食情况、水质情况，有无病害和敌害，检查防逃设施。水质管理很重要，水中溶氧一般保持在5 mg/L以上。pH7.5~8.5为宜。河蟹对化肥和农药很敏感，养蟹的稻田。需特别注意，用药品种的选择与用量。使用药物时，应将水灌满稻田，将药液以喷雾方式进行喷洒，尽量减少对河蟹的危害。稻田最好施足基肥，控制追肥用量。

5. **育肥** 9月上旬，采用在田沟中放置地笼网的方式进行成蟹起捕，将起捕的成蟹集中在育肥池中进行育肥。育肥期间，足量投喂河蟹全价人工配合饲料，并搭配煮熟玉米、螺类等，日投喂量占河蟹体重的3%~5%。9月下旬至10月上旬，挑选育肥后的大规格河蟹进行出池销售（图10-39）。

图10-39 育肥池

6. **成蟹捕捞** 9月下旬至10月上旬河蟹基本养成，可及时起捕。起捕方法：一是利用河蟹穴居、喜弱光、晚上上岸的习性，布设地笼、灯光引诱。二是利用河蟹逆水的特性，采用水流方法捕捞。通过向稻田中灌水，边灌边排，在出水口设网拦截即可。三是人工抓捕。起捕后，如果蟹黄、蟹膏丰满可直接上市销售；如肥满度不够可放入暂养池强化饲养后再上市销售（图10-40）。

图10-40 成蟹

三、经济效益分析

2022年10月10日，示范点养殖河蟹全部收获，成蟹收获时平均每只重90 g，每亩产量15 kg，示范区500亩共产成蟹7 500 kg，按单价50元/kg计算，示范区成蟹产值37.5万元。河蟹养殖成本：每亩稻田购买蟹种（蟹苗）需60元，玉米及配合饲料120元，防逃塑料膜50元，人工费100元，水电费30元，其他费用100元（消毒药物、运费等），500亩示范区合计成本23万元，养殖河蟹总利润为14.5万元。10月16日，示范点种植水稻全部收获，稻谷平均亩产量550 kg，500亩稻田共收获稻谷27.5万 kg，按单价2.7元/kg计，稻谷产值74.25万元；水稻投入成本共计67.5万元。示范点稻田总利润为6.75万元。示范点纯收益共为21.25万元。养殖情况统计详情见表10-10，经济效益核算详情见表10-11。盐碱地稻蟹养殖，促进盐碱地开发利用的同时，能够起到水稻稳产、优质口感稻田蟹产出，有效提高种养经济效益。

表10-10　养殖情况统计

品种	总产量（kg）	亩产量（kg）	饲料日用量（kg）
河蟹	7 500	15	400

表10-11　经济效益核算

		成本	收益	
	项目	金额（元）	项目	金额（元）
河蟹养殖	苗种	30 000	河蟹	379 000
	饲料	60 000		
	防逃塑料膜	25 000		
	水电费	50 000		
	租赁	0		
	人工费	15 000		
	其他费用	50 000		
	合计	230 000	合计	379 000
水稻养殖	投入成本	675 000	水稻	742 500
	总计	905 000	总计	1 121 500

四、案例特点

健源农业种植示范基地开展盐碱地稻蟹种养模式的特点是稻蟹共生，以稻养蟹，以蟹促稻，粮蟹双赢，优质高效。稻蟹共作模式的示范推广，实现了"一水两用、一地双收"，有效发挥了带动作用，极大提高了水资源和盐碱土地利用率，提高了农产品品质，增加了农民收入，为农业产业结构调整优化、促进农业绿色高质量发展起到积极的推动作用。

第七节 农文旅融合稻蟹种养模式

一、示范基地概况

天津市宝坻区燊宝鑫科家庭农场（以下简称"农场"）位于天津市宝坻区潮阳街道双王寺村村南，基地从2000年开始承包村中100亩土地种植水稻，种植面积逐年扩大，2021年种植面积近500亩，种植模式从单纯水稻种植到稻蟹综合种养。水稻种植品种主要有津原89、津原U99和津稻919等。2019年，注册登记天津市宝坻区燊宝鑫科家庭农场。近年来，农场通过构建"合作社+农场"生产经营模式，实现种植、加工、销售一体化发展，生产经营过程中积极推行机械化、标准化、绿色化、品牌化的发展实践。

二、综合种养实例

（一）生产经营优势特点

1. 实施机械化生产、标准化经营，打造农场竞争力 农场种植规模扩大后，不单纯依靠人力进行耕种，先后购置大型拖拉机2台、农用运输车3辆、装载机1台、播种机2台、旋耕机2台、色选机1台、碾米机1台、无人机1架，在生产中基本实现全程机械化，有效降低了生产成本，提升了工作效率，增强了市场竞争力。

2. 改良品种、改变种植模式 农场主要开展稻蟹综合种养，并坚持绿色养殖理念。水稻品种主要选择适宜本地区的水稻主导品种津原系列。在稻蟹混养模式下，稻作区采用潮白河活水灌溉，整个生长期施用生物有机肥、不使用化学药物，主要利用绿色生物防控技术防虫，蟹田米、稻田蟹按绿色食品要求进行生产，品质得到保证。

3. 稻耕文化，休旅推广 自2019年以来，农场大力开展稻耕文化、休闲旅游，推进三产融合。通过农旅结合体验式消费，打造了农场稻蟹综合种养绿色生产与稻米加工、休闲农业接二连三的发展新模式。近年来，夏秋季接待市区及周边游客达6 000多人次。

（二）稻蟹种养生产

1. 稻田工程 稻田设置。稻田土地平整、排灌方便，毗邻潮白河，水系充沛。2021年，农场实施稻成蟹养殖面积510亩，稻田培育蟹种约40亩。4—5月先后完成水稻育秧、稻田平地作业与机械深耕。采取一次性旋耕施底肥，中后期根据水稻3个关键生长期的需要施追肥2~3次。

田间工程及防逃设施。稻田设有边沟和暂养（育肥）沟渠，沟宽1.5~2.0 m，主排水渠宽2.0~3.0 m，主要是利用稻田及现有灌溉沟渠和主排水渠进行稻蟹种养。进排水管铺设于地下，进排水口布设于相对侧的田埂上，进水口位置根据稻田田面高低起伏进行调整，高出田面15~20 cm，排水管上端与稻田地面相平。防逃墙分别在成蟹养殖田块外围和暂养育肥渠四周进行布设。

2.河蟹养殖 养殖品种为中华绒螯蟹"光合1号"、本地"七里海"河蟹。成蟹养殖所用蟹种苗种一部分是农场2020年购买蟹苗（大眼幼体）自己培育的，另外一部分是购买本地苗种繁育基地培育的蟹种。经越冬，自3月下旬起，蟹种在储养沟渠中集中暂养约60 d，5月下旬，待水稻插秧、缓秧完成，将蟹种转入稻田中养殖（图10-41）。4月中旬，储养渠抽样测量蟹种平均规格85只/500 g。

图10-41 投放蟹种暂养

暂养期间，蟹种密度不超过每亩3 000只，完成1~2次蜕壳。此阶段，饲料为豆粕、河蟹人工全价配合饲料，粗蛋白30%左右，每天傍晚投喂1次，根据蟹种的摄食情况灵活掌握、进行调整。河蟹集中蜕壳期停喂1~2 d，待蜕壳完成后恢复投喂。

生产期优化施肥、植保等水稻种植管理，做到合理减肥、安全用药。河蟹养殖投喂饲料品种为全价配合饲料、豆饼等。养殖期间以生物防控、调水控水为主要措施，不使用化学药品。8月底逐步起捕河蟹，将其集中到稻田排水渠内集中育肥，投喂煮熟的玉米以改善河蟹肉质口感，待中秋、"十一"双节集中上市。

（三）接二连三产业融合

在开展稻蟹绿色生态种养的基础上，围绕主要农产品大米，在销售渠道上寻求突破创新。通过大米深加工创造稻米零售品牌"旺财鸭"，寻求经销合作商、参加市区各大展销会、微信朋友圈等扩大销售渠道。同时，开通了快手、抖音网络平台直播带货等模式，积极推进网络销售覆盖，建立区域电商平台。立足在规模化、产业化、品牌化等方面打造过硬品牌，从品质上、口感上让产品过硬。

农场与天津市农业科学院形成了产学研对口帮扶，天津农学院在水稻基地设立实训调研基地，与天津旅游商会形成战略合作；在天津市水产研究所技术支持下入选水产绿色健康养殖技术推广"五大行动"骨干基地。借助水稻实训调研基地、稻蟹绿色健康养殖骨干基地等平台，农场5月开展水稻插秧农事体验，7—9月开展观摩、钓蟹、摸鱼、潮白河一日游、河鲜农家乐等内容形式多样、产业有机融合的特色休闲文旅游，促进农产品销售渠道与方式的多元化，形成农业全产业链贯通与发展新格局（图10-42）。

图10-42 钓蟹休闲体验

三、经济效益分析

农场通过实施稻蟹综合种养殖+稻米加工+休闲文旅这种一二三产业融合的模式，当年河蟹成蟹亩产量13 kg，平均规格85~100 g/只，平均销售单价72元/kg，亩产值达到936元，亩效益550元以上。水稻收获后，以多年来培育的消费群体为主，在稻谷销售的基础上配合需求开展中高端稻米加工与销售，稻米售价提高至10元/kg，较稻谷增加4~6元/kg（表10-12、表10-13）。通过稻蟹种养开展钓蟹、农家乐体验、周边潮白河湿地公园旅游相结合，带动稻田蟹、蟹田米等农产品销售；另外开辟一块3~5亩的稻田面向青少年开展水稻插秧农事体验活动，拓展稻田功能，以产业链延伸增加产出效益。

表10-12 养殖情况统计

品种	总产量（kg）	亩产量（kg）	亩产值（元）
河蟹	6 630	13	936

表10-13 经济效益核算

成本		收益	
项目	金额（元）	项目	金额（元）
苗种	62 220	河蟹产值	477 360
饲料	29 750	河蟹效益	283 890
防逃塑料膜	7 500		
人工费	15 000		
运输费等	79 000		
合计	193 470	亩效益	556.6

189

四、案例特点

燊宝鑫科家庭农场充分结合区域区位优势，以水稻种植为主业的同时进行规模适度的稻蟹种养生产。为了进一步增加河蟹养殖的附加值，稻蟹种养偏重于生态型的管理，每亩投放蟹种320只，饲料营养方面选择以植物性蛋白豆饼、熟玉米，并结合关键期投喂全价配合饲料的方式，虽然成蟹产量相比区域平均产量略低，但河蟹肉质、口感等都得到消费者的认可。钓蟹、农家乐休闲游的结合形成了稻米、河蟹农产品相互助力的经营模式，有效促进了生产效益的提升。

陈加，2013.江苏省河蟹产业竞争力与产业发展研究[D].南京：南京农业大学.

陈卫新，2014.北方稻田成蟹综合种养技术[J].中国水产（12）：64-67.

董江水，陈红军，王新华，等，2007.放养密度对河蟹育成规格、产量和成活率的影响[J].金陵
   科技学院学报，23（4）：95-99.

方园，钱艳萍，2018.河蟹养殖中常见水草的种植技术[J].渔业致富指南（22）：38-39.

姜雪照，王威，颜怀宇，等，2019.宿迁地区稻虾蟹综合种养产业发展思考[J].科学养鱼
   （10）：4-5.

李晓东，2006.北方河蟹养殖新技术[M].北京：中国农业出版社.

廖伏初，何志刚，丁德明，2015.河蟹生态养殖技术[M].长沙：湖南科学技术出版社.

刘建男，2022.蟹源二尖梅奇酵母生物学特性及其致病机制研究[D].大连：大连海洋大学.

刘丽凤，2019.北方河蟹池塘水草种植技术[J].黑龙江水产（5）：40-41.

柳成东，于晓东，王乙茹，等，2020.凝结芽孢杆菌药敏实验的研究[J].饲料工业，41（14）：
   35-39.

马红丽，孙娜，陆晓岑，等，2020.辽宁地区中华绒螯蟹"牛奶病"的病原分离与鉴定[J].大
   连海洋大学学报，35（5）：714-718.

钱华，陆余庆，于波，等，2001.放养不同规格与密度的蟹种养殖效果试验[J].中国水产（5）：
   36-38.

申洪彬，2020.中华绒螯蟹（*Eriocheir sinensis*）"牛奶病"病原鉴定、组织病理及防治技术研
   究[D].沈阳：沈阳农业大学.

宋世民，2014.河蟹养殖中水草的种植与护理[J].渔业致富指南（14）：35-36.

王昂，2011.新型稻蟹共作模式对稻田水质和浮游生物影响的研究[D].上海：上海海洋大学.

王克行，1997.虾蟹类增养殖学[M].北京：中国农业出版社.

王武，李应森，2010.河蟹生态养殖[M].北京：中国农业出版社.

王武，李应森，成永旭，2007.成蟹养殖技术[J].水产科技情报，34（5）：217-220.

王武，李应森，2010.河蟹生态养殖[M].北京：中国农业出版社.

王印庚，杨洋，张正，等，2017.津冀地区养殖三疣梭子蟹大量死亡的病原和病理分析[J].中国
   水产科学，24（3）：596-605.

熊延靖，吴艳红，陈京，2020.大蒜素对白色念珠菌毒力因子作用机制的研究[J].中成药，42
   （11）：2964-2970.

熊延靖，吴艳红，2020.大蒜素对白色念珠菌生物被膜形成的作用[J].菌物学报，39（2）：343-351.

徐晓丽，郝爽，李媛媛，等，2023.天津地区中华绒螯蟹及养殖环境源二尖梅奇酵母流行情况调查[J].中国预防兽医学报，45（11）：1-8.

徐晓丽，罗璋，钟文慧，等，2021.中华绒螯蟹"牛奶病"病原及其致病性研究[J].中国海洋大学学报（自然科学版），51（12）：23-32.

许文军，徐汉祥，施慧，等，2005.梭子蟹假丝酵母菌病初步研究[J].水产学报，29（6）：831-836.

于秀娟，郝向举，党子乔，等，2023.中国稻渔综合种养产业发展报告（2022）[J].中国水产（1）：39-46.

于秀娟，郝向举，党子乔，等，2023.中国稻渔综合种养产业发展报告（2023）[J].中国水产（8）：19-26.

余伟楠，陆宏达，朱磊，等，2014.苯扎溴铵对几种淡水水生动物的急性毒性[J].广东农业科学，41（15）：111-115.

张宝媛，2023.稻蟹共生模式下中华绒螯蟹生长、营养品质及消化生理的研究[D].长春：吉林农业大学.

张连英，郝俊，邱金来，等，2024.2022年天津市稻蟹综合种养经济效益调查[J].天津农林科技（2）：21-23.

赵娜，2015.盘山县稻蟹生态种养模式的研究[D].延边：延边大学.

赵然，史文军，王李宝，等，2023.脊尾白虾"僵尸病"的初探[J].水产学报，47（9）：165-174.

邹玉霞，张培军，莫照兰，等，2004.大菱鲆出血症病原菌的分离和鉴定[J].高技术通讯，14（4）：89-93.

BAKRI I M, DOUGLAS C W I, 2005. Inhibitory effect of garlic extract on oral bacteria[J]. Archives of Oral Biology, 50(7): 645-651.

BAO J, CHEN Y, XING Y N, et al, 2022. Development of a nested PCR assay for specific detection of *Metschnikowia bicuspidata* infecting *Eriocheir sinensis*[J]. Frontiers in Cellular and Infection Microbiology, 12: 930585.

Bao J, JIANG H B, SHEN H B, et al, 2021. First description of milky disease in the Chinese mitten crab *Eriocheir sinensis* caused by the yeast *Metschnikowia bicuspidata*[J]. Aquaculture, 532: 735984.

CAO G N, BAO J, FENG C C, et al, 2022. First report of *Metschnikowia bicuspidata* infection in Chinese grass shrimp (*Palaemonetes sinensis*) in China[J]. Transboundary and Emerging Diseases, 69(5): 3133-3141.

DALLAS T, DRAKE J M, 2016. Fluctuating temperatures alter environmental pathogen transmission in a Daphnia-pathogen system [J]. Ecol Evol, 6(21):7931-7938.

DING Z F, BI K R, WU T, et al, 2007. A simple PCR method for the detection of pathogenic *spiroplasmas* in crustaceans and environmental samples[J]. Aquaculture, 265(1/2/3/4): 49–54.

GORINSTEIN S, JASTRZEBSKI Z, LEONTOWICZ H, et al, 2009. Comparative control of the bioactivity of some frequently consumed vegetables subjected to different processing conditions[J]. Food Control, 20(4): 407–413.

GUIMARÃES A, SANTIAGO A, TEIXEIRA J A, et al, 2018. Anti–aflatoxigenic effect of organic acids produced by *Lactobacillus plantarum*[J]. International Journal of Food Microbiology, 264: 31–38.

JIANG H B, BAO J, CAO G N, et al, 2022. Experimental transmission of the yeast, *Metschnikowia bicuspidata*, in the Chinese mitten crab, *Eriocheir sinensis*[J]. Journal of Fungi, 8(2): 210.

LIU H F, XU X L, BAI X H, et al, 2022. Development of a TaqMan real–time quantitative PCR assay to detect *Metschnikowia bicuspidata* in Chinese mitten crab *Eriocheir sinensis*[J]. Diseases of Aquatic Organisms, 152: 17–25.

LIU J N, YU J Y, HE J L, et al, 2022. Diversity of yeast species and its potential pathogenic risks to the Chinese mitten crab (*Eriocheir sinensis*) [J]. Aquaculture, 555, 738218.

LU C C, TANG K F, CHEN S N, 1998. Identification and genetic characterization of yeasts isolated from freshwater prawns, *Macrobrachium rosenbergii* de man, Taiwan[J].J. Fish Dis.,21(3):185–192.

MA H L, LU X C, LIU J N, et al, 2022. *Metschnikowia bicuspidata* isolated from milky diseased *Eriocheir sinensis*: Phenotypic and genetic characterization, antifungal susceptibility and challenge models[J]. Journal of Fish Diseases, 45(1): 41–49.

MOORE M M, STROM M S, 2003. Infection and mortality by the yeast *Metschnikowia bicuspidata* var. *bicuspidata* in Chinook salmon fed live adult brine shrimp (*Artemia franciscana*)[J]. Aquaculture, 220(1/2/3/4): 43–57.

SHOCKET M S, MAGNANTE A, DUFFY M A, et al, 2019. Can hot temperatures limit disease transmission? A test of mechanisms in a zooplankton–fungus system[J]. Funct. Ecol, 33(10):2017–2029.

SHOCKET M S, STRAUSS A T, HITE J L, et al, 2018.Temperature drives epidemics in a zooplankton–fungus disease system: A trait–driven approach points to transmission via host foraging[J]. Am Nat, 191(4):435–451.

SMALL H J, SHIELDS J D, HUDSON K L, et al, 2007. Molecular detection of *Hematodinium* sp. infecting the blue crab, *Callinectes sapidus*[J]. Journal of Shellfish Research, 26(1): 131–139.

SUN N, BAO J, LIANG F, et al, 2022. Prevalence of 'milky disease' caused by *Metschnikowia bicuspidata* in *Eriocheir sinensis* in Panjin city, China[J]. Aquaculture Research, 53(3): 1136–1140.

ZHANG F F, ZHOU K, XIE F X, et al, 2022. Screening and identifcation of lactic acid bacteria with antimicrobial abilities for aquaculture pathogens in vitro[J].Arch Microbiol, 204:689.

ZHANG H Q, CHI Z, LIU G L, et al, 2021. *Metschnikowia bicuspidate* associated with a milky disease in *Eriocheir sinensis* and its effective treatment by Massoia lactone[J]. Microbiological Research, 242: 126641.

ZHANG X, LI Y X, LI B J, et al, 2016. Three supplementary methods for analyzing cytotoxicity of *Escherichia coli* O157: H7[J].Journal of Microbiological Methods, 120: 34–40.